新管理學系列 3

企業關係管理

——NQ 關係管理智慧

羅家德／著

葉勇助／整理

出版緣起──代總序

　　「管理」的目的在於效率及生產力的提升。自二十世紀初，科學管理之父泰勒（Frederick Taylor）提出科學管理的傳統理論，經梅堯（George Mayo）霍桑實驗之行為科學管理理論發展，至 1960 年代由包丁（Kenneth Boulding）、帕深思（Talcott Parsons），以及其後的卡斯特與羅森威（Fremont Kast and James Rosenzweig）提出系統整合理論，實已建立了一個XYZ的管理主義（managerialism）家族傳統。加上1980年代先後延續發展出的新管理主義（neo-managerialism），其在組織內強調分權，在政策上主張解除管制，在技術策略上要求創新，管理主義顯然已成為新世紀公、私部門及第三部門優質治理（governance）的主要代表象徵。

　　二十一世紀千禧年，新社會各部門均在追求全方位管理精神的落實。所謂全方位管理精神包括：一、部門性管理主義──政府、企業，及非營利組織；二、功能性管理主義──知識、科技、人力資源、資訊、績效與關係；三、策略性管理主義──策略、危機及公共網絡；四、全球性管理主義──組織、文化、區

域。綜合此四個面向,可豐富當代管理主義的實質內涵。

　　本叢書的架構組織乃稟承前述理念,分別邀請當前台灣跨校各學科領域,傑出而又有共識的管理學者共襄盛舉。屬於第一類的專書有:《政治管理》、《政策管理》、《行政管理》、《新經濟管理》及《非營利組織管理》等;而第二類分別為:《財政管理》、《科技管理》、《人力資源管理》、《知識管理》、《資訊管理》、《品質管理》、《績效管理》、《企業關係管理》;至於《危機管理》、《策略管理》,及《公共網絡管理》屬於第三類策略性管理主義範圍;第四類則分別有:《國際組織管理——全球化與區域化之觀點》及《組織管理——文化創新與全球化趨勢》。

　　進入新世紀2000年,聯經出版公司開始與我接洽叢書企畫構想。對於一個有前瞻見地的出版業者計畫以此種跨科際整合方式,推動台灣地區首創的管理學叢書出版,個人除深表敬佩之外,亦期在各作者持續努力下,能以全套叢書之陸續付梓問世,見證聯經過去長期對台灣知識社會的貢獻。

政治大學公共行政研究所教授

詹中原

自序

關係管理是什麼？

我們常說某些有成就的人「很快進入狀況」、「善於審勢度形」、「會運勢而起」、「有遠見、有大方向」或「能夠掌握環境、運籌帷幄」，這些其實都是在說這個人的關係管理能力很高。何謂「勢」，勢就是大環境，而環境最主要是人構成的，人的變動、人的策略與人的互動，掌握住人際關係網絡的變化就掌握住了「環境」的大部分。

本書就是要教導經理人如何分析人際關係網絡，如何從關係網絡圖中掌握住「勢」，以及如何因勢利導，運勢而起。《企業關係管理》一書取材自社會學與管理學中的關係網絡理論，此一理論在美國社會學與管理學中皆為顯學，在管理實務上，則已有一些企管顧問公司在教授企業如何智慧地做好公司內的關係管理，並以量化的方法分析企業內的關係網絡圖，進而對企業問題做出診斷。

本書集結了許多國外企業關係診斷的個案，並加入作者過去三年在中研院研究計畫中蒐集到的資料，結合網絡理論與企管實

務個案，提供業界如何做好企業關係管理的方法。

　　會踏入關係網絡研究的領域要感謝我在美國求學時的博士指導老師Mark Granovetter，偶然的機會接觸到他的「新經濟社會學」，那時正在為經濟學抽象的模型所苦，深有掌握不到現實的感覺，聽到Mark Granovetter以嶄新的角度來詮釋經濟現象，開啓了經濟解釋的另外一片天空，遂深受吸引，乃從經濟學系轉到社會學系就讀，自此與網絡理論與網絡分析結下不解之緣。

　　讀下去後，從未後悔，覺得這是一片廣袤無比的天空，有著無限可能的未來，這一套理論有它自己的方法，可以把個體行動者與總體社會結構結合在一起研究，能為個體行動者建構「外在環境模型」，因此不像經濟學的「理性行動」理論，抽離了社會情境與社會結構，只談個人的自由意志與理性抉擇。

　　另一方面，針對傳統社會學空泛其言的缺失，網絡理論的理論結構已經不止於大型理論（grand theory）階段，它的中層理論甚至理論模型都燦然俱備，網絡分析又有著一套完整的數學工具，可以做精密詳實的邏輯分析與假設檢證，網絡資料經過20多年的蒐集，問卷與調查技巧也漸趨成熟，所以「新經濟社會學」重啓了中斷將近50年的經濟學與社會學間的對話。這一發展更讓我看到科際整合的曙光，深感網絡理論的發展必將造福社會、經濟兩學界。

　　網絡分析的應用層面很廣，早期的研究有新產品的傳播、傳染病的擴散、社會支持、情感支持、婚姻配對，以及勞力市場中就業過程等等，後來的研究則增加了很多經濟現象，如消費行為、網絡式組織、經濟制度、組織行為的研究。1980年代以後，

網絡研究由經濟社會學而進入商學領域，遂蔚為一時之盛，成為各主要研究大學商學院的新領域，尤其以芝加哥大學商學院為然。隨著資訊化組織的興起，改造流程（reengineering）成為1990年代的管理顯學，而跟隨流程再造而來的是組織矩陣化或網絡化，不但是組織內以網絡代替科層，也是組織外結成企業網絡。

未來的虛擬企業組織中，工作流程設計以及組織的分工與整合，都將依循網絡式組織的原則，「意識形態」控制（願景設計）以及社會控制將取代科層組織的法制控制及威權控制，成為主要的控制手段，這一資訊化組織的發展趨勢，使網絡研究又和策略規畫、組織理論、組織行為、行銷策略、人力資源管理等結下不解之緣。這本書的出版正是為了因應這個網路時代企業的變化，而提出新的管理觀念。

五年來，我致力於將網絡理論應用於商學研究上，主要應用方向有三，分別是消費者行為研究，組織行為研究以及企業外包策略。消費者行為研究主要著眼於網際網路如何影響消費者上，以及如何利用網路建立與消費者一對一的關係，並以此研究成果寫成MBA及EMBA的課程教材，由社科文獻出版社出版兩本專書，分別是《EC大潮》及《網際網路關係行銷》。組織行為研究則在台灣中研院一個三年期研究計畫的支持下，我將網絡分析應用在組織內公民行為及社會資本研究上，以期了解在不同組織結構及組織文化下，社會資本如何產生？權力如何運作？以及公司內如何做好關係管理？這本書《企業關係管理》正是在這些研究的基礎上寫成的。

網際網路帶來人類生活驚天動地的大變化，美國社會學大師

曼威・柯斯特（Manual Castells）總結這項變化為人類生活正以網絡方式重新結構中。組織上，如一代管理學大師彼得・杜拉克（Peter Druckers）所說，公司內部變成矩陣組織或網絡式企業，公司外部結成策略聯盟暨外包系統，組織結構變成一張網絡。

　　生產行為上，過去的生產概念是行銷、製造、銷售等等商業功能的組合，但企業再造大師漢默（Michael Hammer）卻把生產行為視為一連串企業流程的串連，並打破各功能部門的藩籬，重新結構各流程為一氣呵成綿密順暢的網。

　　消費行為上，價值鏈的概念重新詮釋消費，視消費為一連串增加消費者消費價值的過程，生產網絡要適時適地投入資源以串起這個價值鏈。至於e-life，加拿大社會學家Barry Wellman直言網際網路的背後其實是一張人際網絡，虛擬社群、討論群組、聊天室、ICQ串起來的不止是人們新形式的社會關係，也串起了人類新形態的社會生活。

　　新經濟社會學正是要以人際關係網絡理論以及網絡分析方法，去理解我們的社會體與經濟體所面對的巨變，值此e時代裡，EC與企業e化的本質，就是以網絡方式重新結構的商業模式，介紹一些新的管理思維，以幫助讀者宏觀地掌握這個時代的脈動，是學者責無旁貸的天職。十分感謝聯經出版公司以及林載爵總編，他們的鼓勵與督促使這本書得以產生。

羅家德

謹以此書獻給我最敬愛的

博士指導教授 Mark Granovetter

目次

第一篇

NQ ——
關係管理智商

第一章
NQ是什麼？——關係管理智商

- 史丹福研究中心：你賺的錢12.5%來自知識，87.5%來自關係。
- 國際羅勃‧海扶公司：員工離職，34%因為成績未被認同或讚揚，29%因低薪，13%職權混淆，8%人事衝突。
- 成功20%來自智商，80%來自其他因素，主要是情感智慧(EQ)。95%被解雇的員工，是因人際關係差勁，5%因技術能力低落。

不知道你看到以上的研究，有什麼樣的心得？是再次肯定人際關係的重要性，抑或是EQ(emotional intelligence)的價值。然而這些道理早已是大家耳熟能詳的，且市面上亦有眾多書籍對此多方闡述，不需要我們再寫一本書來湊熱鬧。但在實際生

活中，大家是否感到IQ與EQ之外，仍有一些能力十分重要，主宰了我們的成敗，而我們卻不清楚它是什麼。

一、IQ、EQ與NQ之比較

IQ測量了一個人本身的才智能力，早被證明只能解釋一個人成就的一小部分而已。一個人的成功與否其實成之於己者少，受制於人者多，如何經營一個有利於己的環境，才是一個人成敗之所繫，EQ被提出來正是為了測量一個人做人處事的能力。EQ的內容主要包括了自我克制欲望，為目標勤奮進取，遇挫折不氣不餒等等處事之道，以及對人有同理心，克制一時情緒，良好應對進退，正確處理爭端，愛人助人合群等等做人的道理，這些在解釋人際關係交往上固然重要，但卻遠遠不足以說明整體人際關係環境之全貌，不足之處正是NQ（networking intelligence，也可以簡稱關係管理）要補足的地方。

既然EQ已經解釋了與人相處之道，那麼NQ（關係管理智商）為什麼重要呢？究其實，人與人的世界，並不只是一個兩人間的人際關係世界，而是一個許多人的人際網絡世界，有些人認識某些人，不認識另一些人，和一群人關係很強，和另一群人關係卻弱，我們所需要的資源在網絡中流通，固然取決人際關係，也同時取決於網絡結構。比如一個十分適合我的工作機會出現了，可惜消息在我的關係網之外流傳，我的EQ再高，和周遭的人相處再好，也無法取得這個訊息、獲得適當的推薦，只能徒呼負負，事後興嘆。

　　我們常說某些有成就的人「很快進入狀況」、「善於審勢度形」、「會運勢而起」、「有遠見、有大方向」或「能夠掌握環境、運籌帷幄」，這些其實都是在說這個人的關係管理很高桿。何謂「勢」，勢就是大環境，而環境最主要是人構成的，人的變動、人的策略與人的互動，掌握住人際關係網絡的變化，就掌握住了「環境」的大部分。因此平時如何運用有限的社交時間，策略地建立、管理關係網，使之通向有價值的資源，就是關係管理智商的範圍，而非EQ所能涵蓋。

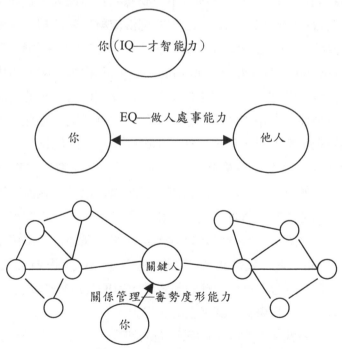

圖1-1　IQ、EQ、NQ不同處示意圖

此外，EQ的研究主要來自心理學、社會心理學，而NQ(關係管理的智慧)則源自於社會學，繼之發揚於管理學，來自的學門不同，採取的觀點不同，所用的分析方法也不同，尤其是網絡研究中所用的數量分析，可以精確地計算網絡結構性質以及它對資源流通的影響，更是EQ研究中難有的。是以筆者以為有必要把NQ(關係管理的智慧)單獨提出加以介紹。

比較EQ與NQ之不同，EQ主要是強調管理好自身的情緒，以對待我們身邊的每個人。而NQ是一種系統化的思維方法，強調我們跟任何一個人互動，不只要思考到這個人，更要思考這個人背後的一張關係網。這樣的想法取材自密西根大學商學院教授韋恩‧貝克(Wayne Baker)的概念，他在《智慧的管理關係》(*Networking Smart*，McGrawhill出版，尚無中譯本)一書中，貝克教導人們關係網絡的各種用處，以及如何用有限的時間最有效率地建立有用的關係網絡，這種智慧就是關係管理，尤其對一個企業家而言，這裡包括了兩種性質不同的網絡，人際關係網絡以及企業組織網絡，有各種重要的企業資源在網絡中流通，比如物流、金流、人力流、資訊流，以及知識流等等，如何有效地建立、管理這兩種網絡，讓各種資源暢通其流，流於其必需之處，止於其當止之地，是一個企業經營者不可或缺的能力，這種能力就是關係管理的智慧NQ。NQ已經成為這個時代裡，企業經營者不可或缺的新智慧，與IQ及EQ一樣重要，一樣關係著你在職場上、商場上的競爭力。

本書就要為你介紹關係管理的智商在企業經營管理上的一些運用，並進一步對比EQ的內容，提出NQ的五大能力。

　　而這樣的關係管理智慧我們都可以在許多歷史裡發現，所以我們先來一段知古鑑今，看看中國古人的NQ智慧。

二、知古鑑今——中國人的關係管理智慧

　　這是一個在「雍正王朝」裡的故事，康熙末年西北軍事告急，康熙欲在皇子之中選一人出任大將軍王，以平西北之亂。由於大將軍王的任用被認為是康熙選太子的風向球，故眾皇子無不嚴陣以待。而其中更可分為兩大集團，從圖1-2來看，一個是以八爺為主的八爺黨，另一個則是原太子黨的餘部四爺黨，就在四爺和八爺積極爭取出任大將軍王時，四爺的幕僚鄔先生指出，如果八爺爭取到大將軍王，那太子的人選就一定是八爺了，因為即便不是，到時八爺有了兵權，而朝中又盡是其人馬，要拿下王位易如反掌。而你四爺若任大將軍王出征，到時若皇上(康熙)病危，八爺們改了遺詔，那時要再帶兵打回來，戶部的糧草被八爺掌控，幾十萬的大軍仍沒用武之地。

　　故為今之勢是保舉十四爺出任大將軍王，並爭取陝甘總督的職位，以便控制糧草的供應。四爺在接受鄔先生的建議後，立即採取了以下的行動。首先，由於十四爺和四爺原是同一娘胎出生的，恰逢額娘大壽之時，其向母親祝壽要舉薦十四弟出任大將軍王，一來讓母親高興，二來十四弟不疑他，覺得這位四哥還是臨事親兄弟，此時，四哥則強調大軍出征，後援的糧草供應最為重要，而十四弟也剖腹拋心地相信並要求四哥做其後援，而四爺也就順勢地推薦自己的家臣年羹堯出任陝甘總

督。這一步棋一舉兩得。因為第一,有了年羹堯坐鎮十四爺後方,掌握西北糧草,十四爺的大軍即無回軍奪嫡的可能。第二,康熙病危之際,京師旁的西山銳健營與豐台大營是保護京師最主要的武力,兩營皆為十三爺的舊部,卻為兵部所管轄,如果十四爺離開兵部,十三爺可以容易地接管此兩大營,在危急存亡之際,足以保護在京城中的四爺順利即位。

之後康熙在大殿上,詢問幾位皇子對大將軍王的意見時,九爺毫不猶豫地舉薦八爺,而十爺此時也同聲支持,而康熙此時轉向四爺詢問其意見,四爺一句:我支持十四弟出任大將軍王。給了康熙一個好印象,一方面,雖然十四爺和四爺為親兄弟,然而其倆從小就處於不同的陣營,加上那時十三爺被康熙圈禁起來,原本四爺可以藉由西北軍事,保十三爺出來,並占著這個有利的位子,但四爺並沒有,所以康熙認為四爺的舉薦沒有私心,反而就事論事,因為十四爺原先就任職兵部,打仗為其能事。這樣的策略運用,使得八爺和十四爺之間有了嫌隙,不但分化了八爺黨的力量,更進而掌握了陝甘這個西北財源和後勤的第一線,以及京師附近的西山銳健營與豐台大營,為後來的奪嫡之爭布下了更穩健的基礎。

在這個故事裡,鄔先生的智慧並不是強調為目標勤奮進取,遇挫折不氣不餒,對人有同理心及克制一時情緒等處事之道。而是能清楚地分析本身的關係網絡,了解資源流通的管道,並掌握流通的結構,因此對於鄔先生而言,其心裡有一張如圖1-2的網絡圖,所以看得很清楚,對於八爺黨而言,八爺本身掌握了戶部的資源,此資源在打仗時就是糧草的來源。而十四爺

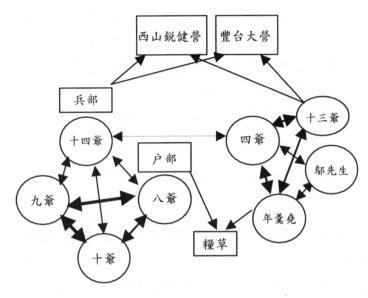

圖1-2　網絡圖

掌握了兵部，有京師兵力為後盾。所以鄔先生建議四爺必須掌握行動的關鍵策略點，而這個點就是十四爺，四爺和十四爺又有同母所生的親兄弟關係，所以趁著向母親祝壽的機會，掌握住此一關鍵點。此一布局立刻把兩大資源——以西北糧草控制西北大軍以及京師駐紮兵力——都掌握在四爺的手上了。

　　這就是關係管理所強調的，第一步，要能夠綜觀整體局勢，審勢度形，掌握形勢，以及第二步，找到適當的關鍵點，取得與關鍵點的關係，以改變局勢的發展。這樣的能力並不是要用來取代EQ或IQ，而是相輔相成，甚至布建關鍵點的基礎更在於EQ。只不過關係管理這一部分很容易被人忽略，犯了高EQ低NQ

的問題，也就是我們常常看到一些所謂的好好先生，這種人對人對事都很好，但卻經常把很多事搞得亂七八糟，錯判形勢，當斷不斷，最後還搞不清楚爲什麼大家都背離自己，所以我們有必要對關係管理做進一步的了解，並思考其在企業管理上的應用。如同EQ有五大能力，我們接下來探討關係管理的五大能力。

三、企業管理個案研究

Halifax公司是一家大型的國防相關產品合約商，近來面對一個危機，因爲它們的飛機引擎部門的會計室對專案的審核總是趕不上進度，所以美國國防部對報表延遲的現象十分不滿，爲了使此一情況改善，Manuel受命來整頓此一部門。首先他發覺流程（參考圖1-3）出了問題，過去的作法是八位專案稽查員把稽查過的案子交給秘書主任Donna，再由主任分配任務給四位秘書Nancy、Kathy、Tanya和Susan，做後續的秘書作業，這種典型的科層組織作業方式使秘書後勤與前線稽核不直接接觸，一有疑問就要透過Donna轉公文，十分無效率。所以他把流程改爲四位秘書分配給八位稽查員，八個專案小組出去審核時，秘書可以和稽查員直接溝通，並與前線同步作業。這一流程改造使得溝通無效率的現象大爲改善，第一個月績效馬上改進，但是觀察到了第三個月，卻發現秘書們士氣漸低，工作效率又不見改善，而且工作重新開始積壓。

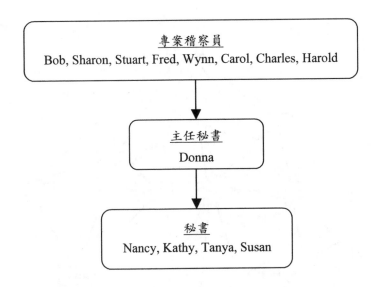

　　知名關係管理學的創始人之一大衛‧魁克哈特（David Krackhardt）教授，受命為此一病徵把脈，當他把圖1-4的諮詢網絡圖[1]，拿給Manuel看時，原本無精打彩、很懷疑學術研究有什麼用的Manuel忽然大叫起來：「我知道問題出在哪裡了，我怎麼忘了問Nancy對流程再造的意見呢？」

　　原來Manuel在其他部門做經理時，就認識了Nancy，每次有問題到此一部門，最後都是Nancy幫忙解決的，不但大家的疑難雜症她都能解決，而且人緣極好。

1　問所有員工如果遇到業務上的困難，你會請教誰？A請教B，B承認，
　則AB之間的關係線就會出現在網絡圖上。

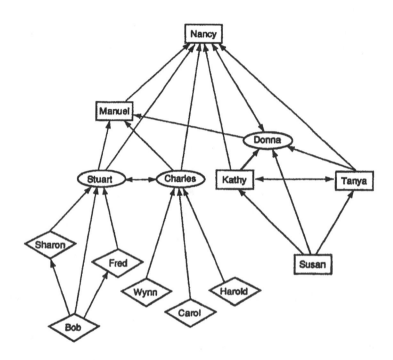

圖1-4　Halifax會計室諮詢網絡圖

　　所以Nancy在公司會計部門諮詢網絡中，比Manuel和Donna
還重要。Manuel立刻找了Nancy談，了解到兩名新手秘書應付不
來一人對付兩個稽查小組的工作，兩名老手卻十分輕鬆而覺得
不受重用，而且誰和誰比較喜歡在一起工作，哪一個秘書比較
喜歡哪一類案子，事先新流程都未考慮進去，所以Manuel在
Nancy的建議下，保持專案小組的流程方式，但哪一個秘書支援
哪一個專案，卻由Manuel和Donna一個一個案子審查做決定，同

時讓被指派的秘書也有表達意見的機會，自然Manuel以後就一直找Nancy做顧問，好搞清楚誰和誰比較配合得好。兩個月後，專案審核積壓的問題徹底解決。

　　以下我們從Manuel的角度出發，思考關係管理包含的五大能力。

四、NQ五大能力

(一)知道資源流通管道能力

　　Manuel一開始思考問題時，只看到正式組織流程的問題，並沒有注意到非正式組織資源流通的影響力，所以並沒有能順利地解決問題。而魁克哈特教授指出，工作流程的問題和諮詢網絡有很大的關係，於是調查公司成員的諮詢網絡，Manuel這時也才恍然大悟。知道問題不是出在新工作流程本身，而是專案小組組成的方式不對，他所欠缺的是如何組成專案小組的正確建議，而這樣的資訊會在諮詢關係網中傳播，其他類型的關係網絡此時不一定有用。因此，關係管理高手第一個要掌握的是，我要的資源(或資訊)會在什麼樣的關係網中流通(這部分將在第三章詳細說明)。

(二)知道資源流通結構的能力──關係的系統性思考

　　關係管理高手心中隨時有一個網絡圖，Manuel便是如此，所以他知道他要的資訊會如何流通，當他一看到用網絡分析畫出來的圖時，他心中的網絡結構直覺告訴他：「是的，資源流

通的結構就是這樣子」。而繪製關係網絡圖就是要把網絡的一些總體性質呈現出來，比如一個網絡的密度，網絡中人與人的距離，網絡中有沒有小圈圈，小圈圈與小圈圈間有沒有「橋」來聯絡，誰是一個團體的中心，誰是一個團體的協調者。關係管理高手會知道，什麼樣的結構與什麼樣位置上的人對資源流通最有幫助（這部分將在第四章詳細說明）。

（三）掌握策略關鍵點的能力——創造有利的競爭位置

Manuel結合他對資源結構的了解以及真實人際網絡的分析，馬上知道Nancy就是策略行動的關鍵點（用學術語言就是中心性最高的人，不過不是每一個策略行動的關鍵點都是網絡中心），因爲她一定蒐集了最多的相關資訊。關係管理高手要能掌握策略行動的關鍵點（這部分將在第五章詳細說明）。

（四）長期而全面布建關鍵點的能力——NQ的基礎在信任

Manuel能立刻與Nancy建立良好互動關係，所以這個策略關鍵點能發揮解決問題的效用。關係管理高手要有與關鍵點建立關係並長期保持關係的能力，這一點有賴高的EQ，所以我們強調關係管理的基礎在信任。關係的建立常常不是找到策略關鍵點時才開始建立的，所以關係管理高手一定要長期布建自己的網絡，不要「關係到用時方恨少」，結果臨時抱佛腳，盡做些走後門，抄短線，臨時搞關係的行爲（這部分將在第七章詳細說明）。

（五）總體關係管理能力

　　Manuel成功地推動了新的工作流程，所以工作效率有所提升，但是新流程的成功有賴合作良好的專案小組，這要靠整個會計室的關係良好，Manuel藉著Nancy與Donna的顧問，總是能把正確的人組合在一起，所以長期維護了整個網絡的和諧。關係管理要管的是公司整個網絡的長期融洽（第七章將詳細說明）。

　　以上我們說明了關係管理意義，也提出了關係管理的五大能力，讓我們再回過頭看看EQ的五大能力：

1. **認識自身的情緒**：認識情緒的本質是EQ的基石，這種隨時隨地認知感覺的能力，對了解自己異常重要。不了解自身真實感受的人必淪爲感覺的奴隸，反之，掌握感覺才能成爲生活的主宰，而對婚姻或工作等人生大事較能知所抉擇〔可參考*EQ*（丹尼爾‧高曼著，時報出版）一書之第四章〕。

2. **妥善管理情緒**：情緒管理必建立在自我認知的基礎上，如何自我安慰，擺脫焦慮、灰暗或不安。這方面能力較匱乏的人常須與低落的情緒交戰，掌控自如的人則能很快走出生命的低潮，重新出發（可參考*EQ*第五章）。

3. **自我激勵**：無論是要集中注意力、自我激勵或發揮創造力，將情緒專注於一項目標是絕對必要的。成就任何事情都要靠情感的自制力——克制衝動與延遲滿足。保持高度熱忱是一切成就的動力。一般而言，能自我激勵的人做任何事效率都比較高（可參考*EQ*第六章）。

4. 認知他人的情緒：同理心也是基本人際技巧，同樣建立在自我認知的基礎上。對他人的感受視若無睹的代價，將是到處得罪人。具同理心的人較能從細微的訊息察覺他人的需求，這種人特別適於從事醫護、教學、銷售與管理的工作(可參考*EQ*第七章)。

5. 人際關係的管理：人際關係就是管理他人情緒的藝術，一個人的人緣、領導能力皆來自於此。人際和諧程度都與這項能力有關，充分掌握這項能力的人常是社會上的佼佼者(可參考*EQ*第八章)。

表1-1　EQ與關係管理五大能力比較

EQ五大能力	關係管理五大能力
1.認識自身的情緒	1.知道資源流通管道
2.妥善管理情緒	2.知道資源流通的結構──關係的系統性思考
3.自我激勵	3.掌握策略關鍵點──創造有利的競爭位置
4.認知他人的情緒	4.長期而全面布建關鍵點──NQ的基礎在信任
5.人際關係的管理	5.總體關係管理

對比NQ和EQ的五大能力，我們會更清楚地了解，EQ強調的是人際關係的管理，從認知自身的情緒到妥善管理情緒，並建立自我激勵和運用同理心認知他人情緒，思考的方式是以兩個個體的關係為主(如圖1-1中所示)。有別於EQ，NQ強調的是人際網絡的管理，將人與人之間的關係放入一個系統裡思考，從一個點、一條線到一整個面的思考方式(如圖1-1所示)。

　　關係管理能告訴你要如何策略性地操控這個網絡，才能有效地控制資源流向以及資源流速。當你認識一個人，關係管理的智慧告訴你，他不是一個孤立的人，他背後有一張人際關係網。在商場上經營關係，不只要知道人與人間相處之道的EQ，也要知道什麼人最值得交往？你們之間需要多強的關係才能做什麼樣的事？你們之間有什麼資源可以相互交流？你要如何有效地運用有限的社交時間，交多少好朋友，交多少普通朋友？他們分別帶來什麼樣的網絡？這些網絡有什麼資源流通？怎麼流通？如何操控這些網絡才能控制你所需要的資源流通？何時又必須面對面溝通？如何運用電腦網路取得有效果、也有效率的流通？回答這些問題的智慧就是NQ關係管理智慧。

五、本書結構

　　以下我們進一步針對本書的架構做一個說明。

　　本書分三大篇，共十四章。各章的摘要簡介如下：

（一）第一篇：NQ——關係管理智商

　　第一章，「NQ是什麼？——關係管理智商」：主要說明關係管理思考的重要性，並強調其有別於EQ的內涵。

　　第二章，「NQ為什麼重要？——e化企業的管理哲學」：強調在未來資訊時代裡，企業e化造成網絡式組織的興起，關係管理的智慧正是新式組織的管理哲學。

(二)第二篇：NQ的五大能力

從第二篇起，以下各章節我們都會配合一個中國關係管理智慧的故事和管理個案來進行說明，並且在每一章結束時，提供一些實務上可操作的技巧。

第三章，「知道資源流通管道的能力」：本章目的在於了解什麼樣的關係可以傳遞何種資源，並透過問卷的方式，分析個人強、弱連帶、信任關係和公司三大網絡的情況。

第四章，「知道資源結構並認知網絡的能力──關係的系統性思考」：藉由關係網絡圖形的分析，思考資源流動的結構與方式，以培養對「形勢」系統性的思考。這兩章基本上就是學習對「勢」的分析。

第五章，「掌握行動策略點的能力──創造有利的競爭位置」：分析各種不同關係網絡結構中關鍵策略點在哪裡，包括網絡中心者、中介者、資源可達者以及橋各具有什麼樣的策略點價值，並進一步討論得利第三者和齊末爾連帶（Simmelian Tie）的問題。這一章要學習的是如何掌握勢的關鍵。

第六章，「長期布建關鍵點的能力──NQ的基礎在信任」：本章凸顯高關係管理低EQ的危機，過分長於強調上述三項能力，會留給人長於權謀而少誠意的印象，不利於長久維持與策略關鍵點的關係。所以真心誠意並以EQ為基礎，長久地、慢慢地建立自己的關係網，才是建立關係管理能力的不二法門。

第七章，「總體關係管理」：強調如何使關係管理從個人的利器變成整個公司的利器，形成整體的良好互動文化，不但

個人的關係和諧，也使得全公司的人相處良好，樂於合作。

（三）第三篇：企業關係管理運用

　　第八章，「如何做好訊息管理？」：對於企業管理而言，最常發生的問題就是訊息管理的不良。儘管企業不斷再造，科層仍是組織設計的重要元素，如何使得上情下達、下情上聽，是訊息管理的重點，甚至在未來扁平式組織當中，如何不讓訊息只在某些特定的小圈圈中受到壟斷，更要強調訊息管理。

　　第九章，「如何做好領導並發揮影響力？」：當公司文化不良、面臨危機或士氣不足時，情感網絡的分析可以分析並診斷問題的所在。

　　第十章，「如何做好知識管理？」：從關係管理的角度來看，企業的知識管理就是人際傳播管道的安排，如何使得情報網絡順暢，異質性的人員產生互動，都是關係管理知識管理的重點。

　　第十一章，「如何管理工作團隊？」：一個團隊要如何才能精誠團結？上下兩側全面的關係管理的哲學是其根本，這哲學強調任何人，不管是對上對下、對左右同儕，都要把他們當作朋友一樣，將關係經營好。如何把一個人變成朋友？很重要的法則是互信和互惠，這是關係管理永遠不變的法則。

　　第十二章，「如何解決衝突與危機？」：以關係管理的觀點來看，衝突和危機的發生通常是公司分黨結派、同仁交流太少、關係太疏或衝突雙方缺乏調人。如何避免公司之中出現此種情況，就是關係管理的智慧要學習的地方。

　　第十三章，「A⁺公司的總體關係管理」：本書以柯林斯所著的《基業長青》以及《從A到A⁺》二書為基礎，探討被列為A⁺的29家美國公司如何經營管理，同時我們以創造人際互信的因素，觀察這些公司如何做好企業內關係管理。

　　第十四章，「長期關係管理——兼論中國人關係管理之盲點」：從A⁺公司如何做關係管理，我們也探索A⁺的人在長期中如何經營自己的關係管理，其中首重如何「有為有守」，何時建立關係，何時又要切斷關係，中國人又總犯些什麼問題，是這一章要討論的議題。

第二章

NQ為什麼重要？──e化企業的管理哲學

一、資訊社會的特質

自從資訊科技進入人類生活以來，歐美現代化工業社會產生了一系列的社會變遷，有人以聳動的術語稱這是「後資本主義社會」（美國管理學大師彼得·杜拉克的用語），有人稱這個新時代爲「後現代」〔Post-Modernism，如英國社會學家紀登斯（Giddens）〕，有人稱之爲「後工業時代」（Post-Industrial，如美國社會學家Daniel Bell，有人稱之爲「第三波」〔如美國未來學家托佛勒（Alvin Toffler）〕，有人則標示出新時代消費行爲的特色，而直呼之爲「消費社會」（如法國社會學家Jean Baudrillard）。不管新時代被如何稱呼，它的消費行爲與生產行爲卻確確實實天旋地轉地在改變，你也一定可以感受到每天都

有新生事物在你我身邊出現，不管它們是新的硬體產品，還是新制度，或是新觀念，你我已然生活在新天新地之中。工作方式變了，消費形態變了，企業組織變了，個性化消費、符號性消費、虛擬產品、虛擬企業、變形蟲組織、策略聯盟、在家上班、視訊通勤，這些都是因為資訊革命而有的社會、經濟變遷，這些現象的興起告訴我們：一個人類史上的大變遷來了！你我無所逃避，都將參與新天新地的創造。

（一）知識經濟的興起

　　管理學大師彼得・杜拉克指出，資訊革命帶來了知識經濟，他直言道出資訊社會的特色，就是知識成為最主要的經濟資源，以往生產資源主要是土地、資本與勞力，而現在則主要是知識。以往的產業是勞力密集產業，要靠剝削勞工取得利潤，或是資本密集產業，要靠大規模生產的規模經濟獲取利潤，而今天，主要產業都是技術密集產業，只有知識創新才能賺到利潤。以往的產業分類只有農礦業、製造業與服務業，如今已有學者加入第四個分類——知識產業，而且估計此一產業占了美國全國生產總值的53%。後資本主義社會中，最主要的「資本」是知識，而不是金融資本，現在美國一年投資在知識累積的經費占了全國生產總值的20%，而一年的資本累積則僅僅是國民生產毛額的5%、6%。

　　知識經濟的興起是有其時代背景的，二十世紀工業文明的一大特徵是科學與工業技術的緊密結合。遲至工業革命發生100年後，科學家還躲在象牙塔裡，維護著知識的高傲與純淨，為

學問而學問，不管實用技術的發展。發明與工程設計是工匠的
責任，不關知識分子的事，帶動工業革命的蒸汽機改良者瓦特
（James Watt）就是一名技匠而已，而非大學教授。遲至1850年中
期，英國化學家 William Henry才犯了大不韙，在煤炭中提煉化
學原料以供商業用途，開啓了科學與工藝的結合。二十世紀，
科技和工業生產的結合在團隊科研與大學參與的推波助瀾之
下，變得波瀾壯闊。一方面大研究組織如IBM實驗室、貝爾實驗
室、美國太空總署等動輒結合數百、甚至數千名科學家的智慧
投入一項計畫中，另一方面，大學紛紛與工業界合作，做應用
科學的研究，知名的例子如史丹福大學創造了矽谷，麻省理工
學院則嘉惠了一二八公路區。又過了100年的今天，研究發展
（research and development，簡稱R&D）產業在美國已經變成一個
年產值1180億美元的大產業。

　　知識經濟裡，社會上主要有兩個階級，一是能夠運用知識
與資訊的人，他稱之爲「知識工人」，另一是不能運用知識與
資訊的人，就成了無技術或半技術「服務工人」，一如資本主
義社會是資產階級與無產階級對立的時代，「後資本主義社會」
則是知識工人與服務工人形成兩個「新階級」[1]的社會，其中知
識工人是統治「階級」（ruling class），是主導社會趨勢的力量。
1969年，管理學大師彼得‧杜拉克在《不連續的時代》裡，就
預言了知識工人階層的興起，繼工廠勞工之後，成爲未來社會

1　不過，彼得‧杜拉克不以爲這兩個新階級會有強烈的階級意識。

的主導性力量。他的預言實現了，1980年代的美國，研發產業雇用了300萬名員工，而各大學還以每年製造30萬名研究所畢業生的速度供應知識產業的需要。然而在這個新興社會階層裡，工程師與專業人士並不是最耀眼的一群，經理人才是真正摘下了桂冠上的鑽石，他們人數最多，收入也最豐，每年還有7萬名新企管碩士加入這個經理人的行列。電腦的出現更加速了這種時代趨勢，工廠自動化的結果，藍領工人日益減少，用科技取代人工，於是「知識產業」日益壯大。律師、醫師、工程師、會計師、教師、經理人等等專業人士在勞力市場中占了越來越重的比重。

(二)知識工人爭回生產決策權

知識工人所主導的兩個社會趨勢正在改造生產與工作的意義：一是知識工人正從資本家手上奪回生產決策權，一是未來人類的生活風格更個性化、獨立化、多元化。不獨生產者行為正天旋地轉地在改變，消費者行為也因為知識工人的個性化生活風格而在大幅變化中。人變了，所以消費、生產與商業決策都跟著變了，現在就讓我們來探探這個改變的根源。

1950年美國只有15%的高等教育人口，這數字到了1990年代已經變成52%。隨著電腦網路時代的來臨，教育可以透過遠距傳輸而更加普及，美國總統柯林頓(Bill Clinton)就發下「願景」，希望二十一世紀初時，每一個想要讀大學的美國人都有大學可讀。拜資訊科技之賜，遠距教學、電腦輔助以及知識資料庫等等資訊技術，使得一名教師的生產力可以增加300倍，教育的質

與量皆有大幅增加，柯林頓總統的「願景」應該不難達成。於是乎知識工人取代藍領工人，成為主導後工業化社會變遷的主要力量，一方面，知識工人不再是整齊化一的普羅大眾，他們追求個性化的消費，個性化的生活。另一方面，原來不做生產投資決定的家計單位，開始做「人力資本」的投資決定，美國經濟學家Theodore Schultz在1963年時，首先指出這種經濟生活上的轉變，把教育當作投資而非消費，以修正原來經濟學的消費者理論。勞工正逐步從資本家手上取回生產決策權、投資決策權。

　　隨著知識工人的興起，工人不再接受資本家的任意擺布，他開始要求勞動自主權、生產決策權，成為新一代的「產消合一者」——SOHO族、自營工作者以及小企業老闆。工業革命以前，人們生活在鄉村，根著在土地上，大多數的人同時為投資者與消費者，他們主要是自耕農，也有較少數的手工藝技匠，生產大多數自己要用的東西，為自己決定生產什麼，然後消費掉自己生產出來的貨品，只有少量消費品透過市場取得。十九世紀以前，多數人都是產消合一者，但200年來的現代化卻促成了產消分家。自十九世紀中葉以來，勞動者在工業化的大趨勢底下，逐步喪失勞動自主權，而成為出賣勞動力給資本家的普羅大眾。

　　這個趨勢為社會學大師馬克思（Karl Marx）與韋伯（Max Weber）分別預測中，馬克思預言了無產階級的興起，一般勞動大眾會喪失生產工具，成為沒有生產決策權的受剝削者。韋伯則預言了大科層制生產組織的發展，因為現代生產理性與規模

經濟效率,科層制生產組織取代了家計單位,成為主要生產場所,壟斷所有的生產決策權。伴隨工業革命而來的是市場經濟,工業生產加上貨幣交易把原來的產消合一者從鄉村連根拔起,變成都市中出賣勞力的勞工,於是生產與消費分道揚鑣,生產單位是企業,生產決策者是企業家或資本家,一般受薪勞工與生產決策絕緣,變成家計單位裡單純的消費者,市場則媒介了分家後的生產與消費。二十世紀,大工廠生產體制更加速了都市化的進行,使美、英等國的都市人口超過總人口的95%,絕大多數的人都成了住在都市中單純的受薪者與消費者,而與生產、投資決策絕緣。隨著工業化的腳步,產消合一者逐漸減少,多數人變成了單純的消費者。

後工業時代的社會變遷改變了工業時代的勞力過程,使得原來喪失生產工具的普羅大眾,正逐步取回生產工具,尤其是知識工人階層與自雇者。知識產業的發達為知識工人贏回了勞動自主權與生產決策權,新的產消合一制度應運而生。第一個看出普羅大眾正逐步取回生產工具的學者,是諾貝爾經濟學獎得主Gary Becker,他在「人力資本」(human capital,意指教育訓練投資)理論中,揭示了教育花費是勞力過程中的投資而不是純消費,這項投資決定大多數是由家計單位做的,而不是由公司單位來做。在他的家計生產理論(Household Production Theory)裡,消費者不只做消費決定,同時還要做投資多少「人力資本」的生產決定。此後又有學者研究了其他的家計投資行為,諸如就業行為,以及對人際關係網絡的投資,亦即對社會資本的投資。美國社會學家管諾維特(Mark Granovetter)也指出,當求才

者要的不是可以相互替代的無技術或半技術勞工，求職者也不再是普羅大眾的藍領工人時，勞工的教育訓練與就業時的「配對」活動（job-matching）就成了生產過程中一項重要的投資決策，而決策權多半握在家計單位手中，只有少數由公司單位下決定。於是，知識工人掌握了知識的主導權，亦即掌握了最重要的生產工具，遂向資本家討回勞動自主權，並進一步爭取生產決策權，新一代的SOHO族、自營工作者以及小企業老闆於焉誕生。

（三）知識工人追求個性化消費

知識工人追求個性化生活風格，所以追求代表自我的消費符號。

法國社會學家Jean Baudrillard直指後工業化社會的消費者行為，最大的特色就是過度富裕所帶來的影響，人們的消費欲望中，實用價值已經落居次要地位，符號價值卻日漸重要。穿衣為暖，吃飯求飽，住屋以避風雨的時代早已經過了。穿衣為求美觀，吃飯為求可口，住屋以求舒適也跟不上時代，太「遜」了。在後工業化社會中，消費成了表現自我的工具，成了社會群體文化的符號象徵，成了人與人相互認同的標記。三項人際網絡互動是創造符號價值的來源，分別是對某一社會群體的認同，接受某一參考團體的影響，以及生活周遭意見領袖的意見。忽略了人際關係互動的影響，消費者行為的研究也就無從掌握消費在人群中所代表的符號意義，更無從探討未來「消費社會」的運作機制。

　　資訊時代的訊息快速流通為分眾消費帶來更大的衝激，今日，不但社會群體的文化可以塑造消費的符號價值，反過來，消費所傳達的符號也會創造出次文化。原來十分穩固的社會類屬，如階級、地位團體、種族團體、年齡團體、性別團體、地域團體與宗教團體之中，又細分出種種次文化，青少年有暴走族、原宿族，中年人也有雅痞族、頂客族，成為人們新的認同對象。這些次文化往往缺乏長時期的社會建構，很難孕育出深刻而持久的思維習慣、生活方式與氣質品味，區隔這些團體的往往是消費所表達出來的符號而已，在美國，穿上一身黑夾克，黑皮褲皮靴，買一輛哈雷重機車，已經說明了你是暴走族的一員，大家路上見面還要互打個V字手勢，表達相互的認同。同樣的，一身從頭到腳都是名牌服飾，買一輛BMW轎跑車，住在都市中心的單身高級公寓，出入健身俱樂部，也往往訴說著你對雅痞的認同。這些次文化又不像主要社會類屬深深地鑲嵌在傳統的文化與價值之中，它們膚淺，來得快，去得也快，像一陣時髦一般，十數年乃至數年，一陣流行就過去了，而且全球感染力驚人，台灣的原宿、雅痞不就來自日本、美國嗎？

　　最足以代表符號價值的產業就是時髦產業（fashion industry），電腦網路加上符號性消費，使得任何產業都變成時髦產業。一件時髦服飾的生產成本根本微不足道，實用價值和任何衣服無異，但是卻貴得驚人，因為大多數的成本來自設計、廣告、促銷，為那些原本中性的顏色、布料與式樣貼上青春、活潑、典雅、開放、大方的「價值」標籤，又為這些價值尋找年輕的、高知識的、國際化的、反傳統的等等「社會性」的定

位。於是消費者會花2萬元去買一件製造成本只要500元的衣服，因為那是屬於「我」的衣服，或者說是屬於「我」這種氣質、這般品味的人的衣服。消費者買的不是取暖與美觀，而是自我的驕傲，以及對某一社會類屬的認同。等到衣服褪了流行，一模一樣的顏色、布料與式樣，卻看起來不再青春、活潑、典雅、開放、大方，也不再屬於年輕的、高知識的、國際化的、反傳統的一群人時，它只好放到地攤上500元一件的俗俗賣，只剩它未經符號價值「灌水」的實用價值。過度富裕的社會裡，當溫飽舒適不成問題時，任何商品都「符號化」了，人們要買的已不只是商品本身，而是附加在商品上的象徵意義。

　　過度富裕與知識工人的追求個性化，使得任何與消費者有關的產業都會變成時髦產業。美國社會學家Paul Hirsch研究時髦產業時指出，其特性就是創意與賭博。比如一家唱片公司，它要不斷地發覺新的有潛力的歌手，灌製一張又一張的唱片，然後通過傳播媒體的把關，在綜藝節目、廣播、脫口秀、影視新聞上推銷新人新產品，新人多，新產品也多，任由消費者選，這是亂槍打鳥的策略，只求一張"hot hit"帶動一陣風潮，就可以大賺一票，補足九張唱片賣不好的虧損。可以想像的，未來可能連代表二十世紀大量生產、大量消費文化的汽車產業，也不免時髦產業化，既不能像福特T型車或IBM的360大型主機電腦，用一套產品強迫消費者接受，風行一、二十年，也不能像通用汽車或今日的個人電腦產業，有限度地分眾生產，分眾消費，而必須像唱片、書籍、時髦服飾、化妝品一樣，不斷地尋找有點子的設計師、造型師、工程師，設計出數百甚至上千的

模型供消費者選擇，只求某一車型帶動某一消費次文化，成為時尚的消費符號而風光一陣。

不過未來產業也會有一些不同於今日時髦產業之處，在行銷中，大眾傳播媒體已經不是主角了，「小眾傳播」的網站才是關鍵，未來的汽車公司歡迎消費者在新車投產之前，上上網站預購新車，在網站上，不但看得到三度空間的新車帥勁，前看、後看、360度轉著看，打開車門看內部裝潢，還可以打開引擎蓋看機械設計，甚至還可以虛擬實境地試開新車，在看似真實的賽車遊戲中，翻山越嶺，超越路障，測測新車性能呢！毫無疑問的，小眾傳播的網站是符號性消費的主要行銷戰場，理由有三：

一是電腦網路的符號承載能力大得驚人，傳播成本卻十分低。大眾傳播的平面媒體，一頁廣告能傳達的訊息很少，往往是解說商品功能而已。電視媒體的符號承載量加大了，可以形塑商品形象，但對時髦產業而言，Paul Hirsch指出，電視廣告仍是遠遠不足的，必須輔之以發表會、新聞、專欄介紹、上節目「打歌」等等活動。只有電腦網路上的多媒體才有足夠的符號承載量，使時髦符號充分傳播。

二是小眾傳播更適合分眾消費，大眾媒體其實大多數的符號傳播都傳給了不相關的人，是傳播資源極大的浪費，而網站資訊則容易集中火力在相關社群中流傳。

三是電腦網路內的社會將是創造符號價值的重要領域，越來越多的人會在電腦網路內尋找認同的標記，創造出新的自我認同，擺脫了真實世界中的自我，在「虛擬自我」中滿足精神

需要，所以電腦網路會是未來人類尋找符號價值的主要去處。

　　符號在電腦網路中被創造，在電腦網路內流傳，經由電腦網路形塑消費者的認同與模仿，歷史上從來沒有一個社會像「消費社會」的知識工人一樣，富裕到如此需要符號，也從來沒有一種工具像電腦網路一樣，如此適於承載與傳輸符號，在電腦網路世界裡，符號無所不在，符號消費也無所不在，任何消費產業都將變成時髦產業，消費世界的秩序正在瓦解中，也正在重新建構中，不能掌握電腦網路行銷，就無以掌握符號消費，也不足以談未來的行銷管理。資訊經濟時代，消費被符號化了，不了解人際網絡間的互動、模仿、參考、相互認同，就無從了解消費符號的社會意義；不利用電腦網路作為載體，我們就無以傳播、操弄數量龐大的符號訊息。

（四）市場破碎多變化

　　時髦產業的特色就是市場破碎而多變化，產品生命周期短，多樣性而變化快。

　　過度富裕的社會裡，如上所述商品符號化了，各類產業也都時髦產業化了，品味與風格的表現已不止於形式文化的產品中，甚至普及於大小日用商品。豐田汽車固然有兩個品牌，十種車型，數十種款式，給不同「品味」的人選擇，寶鹼的洗衣精也能分化成十種品牌給不同的十個社會群體使用。透過消費行為，小至穿衣吃飯，大至住屋購車，一個消費者將他的文化符號傳輸出來，化成自己的氣質品味，表現在每一項消費行為上。市場的需求於是多元化，大量消費的時代結束了，符號消

費的時代已經來臨。

　　另一方面，生產面上，資訊科技改造了工業化現代經濟的生產過程，使多樣化小批量的生產變得更有效率，足以抗拮標準化、齊一化、強調規模經濟的大工廠生產制度，並足以滿足不同消費者的各式需求，商業世界因此高舉出「消費者導向時代」的大旗。資訊科技與新生產方式使「消費符號化」在生產面上成為可能。原本二十世紀標示著一個大量生產、大量消費的時代，典型的代表是福特公司的T型車，一個車種在20年內生產超過1000萬輛，使原本富人特權享有的高級享受，變成了美國人人可用的代步工具。T型車的泰勒化生產線生產方式，也變成了現代化工業與工廠的代名詞。不過這個大量生產、大量消費的時代，卻在二次大戰之後逐漸退潮，當通用汽車公司把它的工廠分成五個品牌，分別為不同階級的人生產汽車，而擊敗福特的大眾車時，分眾消費與分眾生產的時代已悄悄來臨。

　　消費者對符號價值的需求，生產者對資訊科技以及新生產方式的採用，再加上技術進步的快速，相成相因造成了破碎且多變的市場。商業環境因此高度不穩定，形勢瞬息萬變，產品的生命周期變得很短。1970年代，豐田汽車要打入美國市場，平均一年要設計14個車型以適應消費者多變的胃口，繼進的日產汽車也在六年之中出了56款車，才攻下美國的橋頭堡。戰國時期的個人電腦市場從1970年代末迄今，短短十餘年間已歷經七代，以個人電腦的心臟——微處理機（microprocessor）——為例，從8位元的6502（蘋果一號使用）開始，到16位元的英特爾8088、80286，到32位元的英特爾80386、80486、80586，以迄今天的

奔騰II、III、IV。而從486的上市到586的出現更只有兩年而已，而586的熱潮未過，686已經上了生產線，一個產品的生命周期之短，由此可見一斑。

隨著知識經濟的興起，知識工人爭回了生產工具及決策權，成為SOHO族或自營工作者，享受著個人獨特風格的生活方式，因此要求消費符號化，追求代表個人的符號，這使得與消費者有關的產業都必須學習時髦產業，生產符號性商品，而符號是分眾且易變的，於是資訊時代的市場破碎而多變化。

以上所述的四項特質，正好標示了資訊時代經濟的風貌。

二、e化企業

如何適應資訊時代的特質，管理好一群獨立自主的知識工人，以生產多元多樣的產品，好滿足破碎多變的市場？於是e化企業應運而生，試圖把資訊科技加入生產組織之中，以求取生產彈性化、多樣化，滿足顧客多樣多變的口味，並以一條鞭式的企業流程，從行銷到售後服務，快速反應顧客的需要，以達成全面品質管理（total quality management，簡稱TQM），成為企業資訊化追求的目標，也是1990年代每一個企業努力的方向。

為了達成這些目標，管理學界自1980年代以來，掀起了一波又一波的管理改造運動，「減肥」（downsizing）與「重構」（restructuring）在1990年代到來之前，忽然成為企業界的一時風潮，「企業再造工程」（re-engineering）則在1990年代獨領管理學風騷，「企業再造之父」漢默宣稱，資訊科技可以把過去在科

層式組織中分布在各功能部門的企業流程，重新縫合起來成為一條鞭一氣呵成的流程，能夠直接而快速的反應顧客當即的需要，不再破破碎碎的，在各部門間踢皮球，以至於對市場反應太慢。在這些對資訊化組織的理論探討中，組織資訊化之後，會有什麼特質呢？或者問，為什麼組織要資訊化呢？

(一)結合知識工人的組織

　　第一個探討組織資訊化的就是彼得・杜拉克。他注意到二次大戰後的工業經濟產生了一個新現象——即所謂的「知識工人」的興起。當工人的本質完全改變之後，組織工人分工合作的組織結構也必須徹底改造。隨著知識工人的「鬧獨立」、「搞自主」，不肯再做生產線上的機器人，拒絕做精細分工後完全看不到成品與自己工作成果的工作，而要求工作自主性，工作有尊嚴，彈性的工作時間，有樂趣的工作內容，有成就感的工作成果，甚至要求在家上班，分包工作，並發展自己的事業，或在公司內「創業」，或成為完全獨立的外包商。

　　但是要如何整合這些獨立不受監控的知識工人的工作呢？拜資訊科技之賜，使得這種組織逐漸成真。英國未來學者韓迪（Charles Handy）以為未來的知識工人，可能不會是一個擁有一份工作、固定到一個地方準時上下班的工人，而是一個擁有一份「工作目錄」——一張能做的工作「菜單」，自己在市場上尋求買主的「小頭家」。自1960年代以來，全美的營業單位自1958年的1050萬個擴充成為1980年的1680萬個，遠遠快過人口成長率，在9600萬個家計單位中，每六個美國家庭就有一個是

做「頭家」的。這些企業單位大多數是一、二人的小公司，900萬個一人公司，100萬個合夥事業，70%是年營收在5萬美元以下的小企業，有560萬家公司的辦公室就在家裡。另外，美國在1990年代初已經有370萬的SOHO族（在家上班者），在870萬個兼差者中，又有1/3在家工作，到了二十世紀末，據估計，會有1000萬至2000萬人成為SOHO族。靠著網路串連他們的工作，自雇者與SOHO族成長速度驚人。過去的通訊科技以及未來的資訊科技，是找到他們、聯絡他們並整合他們的工具，資訊化的組織最能適合他們的工作形態。

　　資訊化組織的第一個特色就是專業人才的組織，為了滿足知識工人的心聲——獨立作業或工作外包，工作必須被重新設計，企業再造應運而生，要把過去過分細密的分工，只能在生產線上整合的工作設計，重新縫合在一起，使之成為個案型、適於外包的「整合型企業流程」（integrated business process）。

（二）一氣呵成的企業流程

　　1990年代興起的企業再造工程，強調要把原本破破碎碎分散在各功能部門的企業流程重新整合起來，不只是因為整合的流程適於知識工人的工作需要，也是為了因應破碎而多變的市場，滿足消費者多樣又快變的需求，只有整合後的企業流程才能把消費者納入生產流程中，從消費者下定單，到消費者獲得滿足，所有生產加服務變成一條鞭式，使顧客獲得一對一量身訂做，迅捷又全面的服務，提高顧客滿意度。然而串連這個流程成為一條鞭者正是資訊科技，少了它，企業流程一定又是行

銷、研發、生產、會計、顧客服務各部門各自為政，斷斷續續
難以一氣呵成。

　　快變又不穩定的市場，以及要求越來越多的消費者，是促
使企業再造的原因。在資訊社會中，不單是產品的生命短、變
化多，企業組織的興衰起落，也一樣多變，競爭已死，不是因
為競爭不存在，而是因為競爭無所不在，你不知道什麼時候會
在什麼產業中出現勁敵。擊敗王安的，不是它生產小型電腦的
死敵迪吉多或惠普，而是一度被當作只是兒童遊戲的蘋果個人
電腦。不同產業間不斷產生各式各樣聯盟，新產品不斷推陳出
新，MCI國際電話公司和西北航空公司可以結盟相互促銷，和信
還可以找上太電聯合起來搶食電訊自由化大餅，異業聯合使得
競爭規則全變了，人人都是可能的合作伙伴，但人人也都是可
能的敵人。產品漸漸變得無法規畫，因為新產品來得太多、太
快，且競爭產品不知從何處而來，消費者口味也變得太多元，
以致無法事先掌握。以美國紡織業為例，以往一款產品從規畫、
推銷到鋪貨要66周，但配合不上今天的快速腳步，結果有些產
品三分之二會變成存貨，要靠著折扣促銷來出清。米利根公司
(Milliken)因此改採「快速反應」(quick response，簡稱QR)的配
銷方式，經銷商收到定單才電子郵寄給米利根公司，再立刻下
去製造，用快遞寄給顧客，結果零售成本降低了13%，顧客也更
加滿意。

　　如何適應這樣多元多變的市場？美國知名未來學者托佛勒
在1980年代初的《第三波》一書中，描述未來的成衣業，可以
由個人自行設計服裝，再將設計圖電傳進入製衣工作坊的電腦

之中，電腦則將設計圖轉成控制碼，控制裁縫機器，剪裁出獨一無二的個人風味。這時，分眾生產可以細分而成「個人生產」，在成本上仍有競爭力，一個手工生產、因人訂製的時代重新回來，只是這隻「手」是電腦而不是人手。這就是戴維陶與馬隆（Davidow & Malone）在《虛擬企業》（*Visual Coporation*）一書中所說的虛擬產品，因為產品已經不存在於真實之中，產品樣本或由公司設計好放在電腦網路上，任由顧客挑，或由顧客自行設計，再由電腦網路傳輸給公司，接到定單，製造商才即時生產，即時快遞產品到顧客手上。米利根公司的「快速反應」配銷方式，已經開始了製造虛擬產品的第一步，托佛勒的預言即將實現。虛擬產品的興起是因為它最適合這個多變又快速的時代，當產品規畫永遠趕不上市場變化時，不再向顧客促銷已生產好的產品，反其道而行，讓顧客來參與產品規畫，就成了產品規畫的最佳方式。

　　快速反應模式，生產虛擬產品，要靠整合成一條鞭的企業流程，也要靠資訊科技力量，所以企業再造工程的另一同義詞就是組織資訊化。舉銷售流程的再造工程為例，TACOBELL公司就是以一套相似於POS的系統，連結了各分店與地區供應站，使得銷售人員的銷售情況可以被即時掌握，而中心供貨倉庫則依即時情報隨時補貨，在關鍵時點支援前方的銷售人員。聯邦快遞公司則同時改造了它的銷售流程、顧客服務流程及貨運監控流程，其關鍵在於兩套電腦軟體。一套被稱為COSMOS的「顧客、營運、管理及服務資料庫」，任何包裹只要在遞送途中到一個轉接點，一換手，包裹上的條碼就被掃描一次，把行程輸

入電腦，以時時監控行程，好在錯誤發生之前就察覺。另一套軟體是被稱爲PowerShip的客戶端服務軟體，裝在顧客電腦內，可以自動印出標籤、發票及計算運費，並連上COSMOS追蹤客戶自己包裹的運送行程。靠著PowerShip，顧客可以自己在線上與聯邦快遞做交易，印出標籤，追蹤行程，並送出發票。如此一來，它一變顧客而成爲聯邦快遞的一分子，不但幫助公司做品質管制，可以及時糾正錯誤，而且透過雙向溝通，顧客十分放心，因此滿意度大爲提高。

　　靠著資訊科技，破碎的企業流程可以被縫合在一起，資訊化組織的第二特色就是以企業流程爲工作設計，以執行流程的工作團隊爲組織單位，可以一條鞭地連續作業，以快速地滿足顧客多樣又多變的口味，迅捷地反應破碎又不穩的市場。

（三）善於知識傳播與管理

　　知識已然是資訊時代裡最主要的生產工具，是企業贏得市場、累積財富的關鍵。美國近期新富的十億級富豪中，7/10是白手以知識起家的電腦軟體業者，各領先企業如惠普、英特爾、微軟、網景等等，幾乎都是因爲知識技術領先，而在相關產業中獨領風騷。知識作爲生產工具最大特質就是它是無限的。土地資源是固定的，用一分少一分，石油危機以來，人們終於發覺地球即將被開發殆盡。勞力資源成長得極慢，在工業先進國內甚至是負成長。資本資源累積雖然較快，也爲我們帶來今天的富裕社會，然而資本的創造也受到了人力、土地資源枯竭的限制，而且消費主義當道的先進國家內，資本累積率已低到國

民生產毛額的4%、5%而已。爭奪這些有形資源都是零和遊戲，我有則你無，你有則我無，所以競爭慘烈。然而知識資源卻是可以無限複製的，在美國，半導體的知識使一屋子的真空管變成小小一片矽晶片，節省了99%礦產與資本，而相同的知識複製到台灣，也節省了99%的有形資源，卻不會讓美國有所損失。所以知識流傳，相互學習、組織學習就成了創造資源，節省成本，組織取得競爭優勢的關鍵。

　　一再鼓吹「學習型組織」的彼得‧聖吉（Peter Senge）就指出，過去的管理哲學是圍繞著如何低廉地開採資源（土地、勞力與資本），以降低成本為競爭關鍵，但未來的組織則置重點於如何管理人們的知識創造力。英特爾的競爭策略就是不斷地淘汰自己的產品，在586如日中天時卻推出686，586先降價再停產，奔騰II、III、IV也受到相同待遇，不斷地在CPU的CISC技術上自我超越，成為競爭廠商跨越不了的進入門檻（虞有澄，1995）。組織資訊化自然是為了提高知識管理、知識創新的效率，database之於資訊儲存與搜尋，CMC之於人際溝通、資訊交換，群組CAD／CAM之於團隊同步研發，專家系統之於經驗與專業的相互支援，都是大量提高知識傳播與管理的工具。

　　在電腦網路普及的時代裡，知識的複製與傳播可以十分便宜便利，組織的經濟資源更可以便宜地被創造出來，而變得極為豐沛。e化組織的第三個特質就是要管理並傳播知識，使知識成為企業的最主要生產力。

三、e化組織的新管理哲學

如何整合知識工人各自發揮的工作成果？如何企業再造以求取一氣呵成的企業流程？如何做好知識管理成為學習型組織？e化企業的管理將完全不同於過去科層組織的管理，而需要嶄新的管理哲學。

早有很多學者看到資訊時代的巨變，而開始探尋未來的組織形態以及新的管理哲學，彼得・杜拉克首發其凡，稱新組織形態為「知識性組織」（knowledge-based organization)或「資訊化組織」（information-based organization），強調新型組織以知識為生產工具，並以資訊科技串連知識性工作的特性。他又比喻新組織為「交響樂團型」組織，著眼於它的網絡結構與專業特性。也有人稱之為「虛擬企業組織」（virtual corporation)（Davidow & Malone)，強調其快速彈性的市場反應能力，可以生產虛擬產品。還有人稱之為「變形蟲組織」，強調它結構的彈性與可變性。更有人稱之為酢漿草組織（Handy, 1990），著眼於它有著核心與外包的結構，既有專精的核心業務，又有周邊的彈性動員機制。有人則稱之為「學習型組織」（Senge, 1990），看重新組織能夠自我學習新知識以自我成長的能力。不管這種新組織怎麼被稱呼，網絡化與資訊化都是其核心，網絡式組織正是這種新組織形態最通用的學術性稱謂，誠如被譽為資訊時代先知的曼威・柯斯特在其探討資訊社會的巨著《網絡社會之崛起》中所言：

> 近來的歷史經驗已經為資訊化經濟的新組織形式，提
> 供了一些答案。這些答案的共同基礎就是網絡。……
> 它是企業的一種特定形式，其整套工作方法是由各部
> 分的自主性目標系統所交織而成的。

資訊化企業要建立顧客網絡，好讓顧客加入生產決策，要
重視顧客關係管理（customer relationship management，亦即如今
當紅的CRM），因為爭取一個新顧客的成本是讓老主顧再買的五
倍，好的顧客關係網絡才是企業利潤的保證。

資訊化企業要建立經銷商網絡，以掌握市場資訊與快速反
應配銷方式。

資訊化企業要建立供應商外包網絡，以保證即時而彈性的
供貨。

資訊化企業要建立策略結盟網絡，以隨時爭取有用的策略
資源，快速擴大市場占有率，或延伸產品、服務的內涵。

資訊化企業更重要的是，要建立內部組織網絡，以運用知
識工人執行彈性生產，知識工人或為獨立外包工作室，或組成
工作團隊獨立作業，這些都不是科層管理原則所能監督控制，
取而代之的是網絡式企業的管理方式。組織資訊化的企業再造
工程，追根究柢，工作團隊與外包廠商都需要組織網絡化加以
整合──外部網絡化以建構外包系統，內部亦網絡化以運用知識
工人。

新的分工方式需要新的整合方式，也需要新的管理哲學。

每一時代中因時代環境之不同，而有不同的主流組織形態

出現，而不同的組織形態則需要配合不同的管理哲學，以管理個性不同的員工。知名管理學者邁爾斯與魁得（Miles & Creed）把過去的管理哲學進行整理，如表2-1所示：傳統科層管理哲學適用於古典科層組織，管理一群從鄉村進城的生產線上員工；多功能分化的科層組織則需要人群關係管理哲學，因為好的領導統御才能激發受過教育員工的工作潛能；多部門、多功能分化的科層組織以及矩陣式組織，最好配以人力資源管理哲學（human resources），這個哲學把員工視為有創造力、自動自發並有工作熱忱的員工，所以應該教育投資人力資源，並賦予獨立決策的權力，好讓員工生產力不斷成長。

　　至於資訊時代裡需要什麼樣的管理哲學呢？邁爾斯與魁得稱新的管理哲學為人力投資哲學（Human Investment Theory），他們強調人力投資哲學是網絡式企業的管理哲學，要把員工視為像小老闆一樣的獨立作業者，鼓勵其終身學習，不斷成長，能持續跟上時代脈動與市場波動，面對市場做出決策，並彈性而自發地滿足顧客需求，然後與其分享利潤與戰果。簡單地說，未來的企業形態將會是以網絡式企業為主，而網絡式企業是一群公司內的專業人士、獨立團隊以及公司外的在家工作者、小老闆和外包商所組成，控制管理這樣的一群員工（或外包工），科層控制的威權管理及公司規章不再對獨立作業者有效，取而代之的是如何與他們保持良好關係，維繫共同願景，以分工合作一起打拚，並不斷地鼓勵其學習，一齊上進，以迎接資訊社會一日數變的挑戰，科層控制為社會控制（social control）所取代，這正是本書所說關係管理學所要探討的管理哲學。

表2-1　組織形態與管理哲學的演進

	產品─市場策略	組織形態	管理機制	管理哲學
1800	單一產品或服務，區域或局部的市場	代理式（agency）	直接，個人控制	傳統
1890-1920	有限的、標準化的產品或服務種類，區域─全國的市場	功能式（functional）	中央規畫與預算，各功能部門營運依靠專業人員	人群關係
1920-1960	多樣的、變化的產品或服務種類，全國或國際的市場	部門式（divisional）	公司設定共同目標，營運決策由事業部門進行	人群關係／人力資源
1960-1990	標準與創新的產品或服務，穩定與變動的市場	矩陣式（matrix）	專案小組及橫向資源分配工具，例如內部市場或聯合規畫系統	人力資源
1990-2010	市場鏈結單位所生產的產品或服務	網絡式（network）	由中間人召集的暫時性系統，擁有為了信任與協調的共享資訊系統	人力投資

資料來源：Miles & Creed(1995).

　　美國密西根大學管理暨社會學者韋恩‧貝克也指出，知識經濟裡，過去強調層層節制，威權控管的「管理」哲學已不管用了，現在講求的是授權（empowerment）的「領導」哲學。員工不再是叫一聲做一下的機器人，經理人必須要激勵他們的動機，結合他們的願景於公司願景之中，教育他們的能力，賦予他們良好的工作環境，給予他們明確的工作目標，然後讓他們自動自發地完成工作，經理人只問成果，不做巨細靡遺的指導控制。誠如改造奇異公司（General Electric）成為1980年代美國企業「再造」（reengineering）標竿的總裁傑克‧威爾許（Jack Welch）所說的：「舊組織是建築在控制之上，但是世界已經不同於往昔。世界變化得太快，使得控制成為限制，反而使速度慢了下來。你必須在自由和控制之間取得平衡，但是你必須讓員工擁有以前想不到的自由。」好的經理人要讓員工獨當一面，就要幫助他們建構通往所需資源的管道，這是「授權」哲學的第一原則。

　　一代管理大師彼得‧杜拉克更指出，這種「自由」的知識工人組成的組織，必然不同於以往各司其責、統籌監督的「棒球隊」型科層組織，反而有類於交響樂團，每一個樂團成員都是某一樂器的專家，樂團指揮在相關領域上別說指導控制，他甚至毫無置喙的餘地。樂師們在演奏時各自發揮，卻在一張樂譜與指揮棒下，協調合作，一起奏出美妙的合鳴。醫院則是另一個典型的「知識性組織」，醫院內的主要工作人員都是受過長期訓練的一方專才，大家憑著專業訓練的素養，共同的救人理念以及醫院的作業準則，不需要監督控制，就可以自動自發

地做好份內工作，並整合分工成為完整的醫療流程。

　　貝克也有相同的觀察，他稱未來的企業組織是「圓桌武士」型，它不像現在的「軍隊」型，因為它不再是層層下命令，按命令行動的組織，而是「武士」們個個身懷絕技，各自自由行動，卻一起服膺亞瑟王領導的組織。在知識性組織內，領導者不但要激勵員工自動自發的工作精神，也要給予他們充實的工作能力，提供良好的工作環境，而所謂適當的能力與環境，就是要把員工安置在正確的網絡關係中，以便取得與工作相關的資源，員工的工作才能完成。簡單的說，經理人新的管理哲學不再是以下命令、定獎懲為主，而是要和員工建立關係，把員工納入「圓桌」中，也幫助他們建好關係，好讓大家取得必要的資源，順利完成任務。所以好的關係管理絕對不只是EQ，管好一對一關係而已，更重要的是管好一整張關係網絡，不只是自己的網絡，還包括了整個公司的網絡。

四、網絡式企業的新管理能力——NQ

　　過去，科層制度底下重視的是制度，如何守住制度推動例行業務是經理人的責任，但到了新時代知識經濟之中，該重視的是人，因為擁有知識的是人，如何靈活機動有效運用員工的關係網絡，人盡其才，才是成功之道。

　　為什麼資訊時代需要關係管理學？小結這十幾年來一些新管理哲學大師的想法，我們發覺因為資訊時代環境的變化，資訊化與網絡化常常相伴而來。組織資訊化是為了響應知識工人

的工作形態、多樣又多變的市場需求，以及管理最主要生產工具——知識的創造與傳播而產生；資訊科技在外包式生產關係、企業再造工程以及知識性組織中，確實是關鍵因素。網絡式企業則是組合外包生產及工作團隊而成的組織，因為彈性專精的特質，成為強調快速反應市場的e化企業的組織形態，再加上它在知識傳播上的優勢，所以正好也是最適合組織知識化、一條鞭流程化的結構方式。因此，知識工人的興起、多變又破碎的市場，以及知識變為主要生產工具，就是組織資訊化與組織網絡化的共同遠因。這些e時代的變化，使得組織既需要資訊化，也需要網絡化，兩者常常相伴而來。

在資訊時代中，人際網絡因為企業與顧客間、企業與企業間，以及企業內員工間的合作而受到重視，畢竟，這些網絡結構是資源流通最主要的管道，也是操控資源流通最主要的利器，在物流、金流、資訊流、人力流、商品流流通越來越快速，資訊（與知識）流通又是決勝關鍵的知識經濟內，掌控人際關係網絡的智慧——關係管理學——遂成為必備知識，這也正是邁爾斯與魁得（Miles & Creed）所稱的人力投資管理哲學的核心。

科層式的獨立企業單打獨鬥的時代已經過去了，以後的商場上是既合作也競爭的時代，是一個企業網絡對抗另一企業網絡的時代，所以不但公司內要網絡化，公司間也要網絡化。這也是一個知識決定勝敗，人人必須掌握資訊流、知識流的時代，電腦網路促成了這個時代的誕生，沒錯，數位神經系統固然是迎接未來EC商戰的必備武器，但是執行企業流程的人際關係網絡也一樣重要，別忘了，資訊流要串連的是人，不是電腦，電

腦只是工具，幫助資訊在已建好的人際關係網絡中快速傳遞而已。兩個互不往來的工作團隊，即使有了最先進的資訊工具，在合作的時候依舊會訊息不通、協調困難，企業流程也依然會斷斷續續，如同牛步。

　　一個「EC商戰」時代已經來臨，NQ ——關係管理的智慧是每一個人、每一個e化企業亟須加強的能力。

第 二 篇

NQ的五大能力

第三章
知道資源流通管道的能力

一、知古鑑今——中國人的關係管理智慧

雍正時期，三月朔日順天府恩科會試，發生科場舞弊事件。主考官為當時宰相張中堂的弟弟張廷璐，副主考官則是當時文人領袖內閣侍讀學士李紱，話說科考前日，李紱在城裡伯倫樓吃飯，一名書販來賣功名，李紱好奇，心想早晨皇上才將親筆御封的考題，封於金櫃交給張廷璐，轉眼便有人在這叫賣，便買下一份試題回去。不料，科考當天，三道當場拆封的試題竟與書販所賣的一字不差。李紱心想國家掄才大典竟發生此事，怎能坐視不理，便心急地告知主考官張廷璐，必須馬上停止考試，告知朝廷，然而張廷璐卻言：「此事牽連甚廣，天潢貴冑，皇子皇孫也未必可知，若告知朝廷必定震驚朝野，牽動全局。」所以張廷璐堅持繼續考。而李紱看不慣張廷璐之欺君誤國行徑，堅持要立即停考奏報朝廷，並下令考場全部差役、號兵立

刻出動包圍伯倫樓，但張廷璐則以主考官身分下令繼續考試。李紱則棄官尋求三爺的幫助（李紱原爲三爺門人），強調此事來路不小，必須立刻包圍伯倫樓拿住證據，但卻苦無兵權。

　　三爺苦思只有李衛有此膽量去蹚這渾水，並能在皇上那過關。而李衛是誰，爲何有此能耐？這便是三爺有關係管理五大能力之一的知道資源流通的管道。由於李衛乃雍正培養之門人，在雍正還是四王爺時就是家中管事，雖不識字，但卻經歷許多官職的磨練，深得雍正賞識，身居要職，現在剛好在京師，又手握兵權。在得知此事後，從容的向李紱分析：「首先有人在伯倫樓賣考題，未必就跟伯倫樓有關係，其二，現在已經開考了，書販也不會留下考題，當作把柄讓官府來搜，所以急忙去包圍伯倫樓沒有意義。」強調此時只有在考場才搜得到證據。於是果不其然，李衛帶兵進入考場當場抓到證據。

　　以上的故事，我們強調關係管理的五大能力之一，就是要知道什麼樣的人？什麼樣的關係？傳遞什麼資源？故事裡三爺知道此事必須找一個有兵權且有膽識，更重要的是能不先奏報皇上便可處理的人，而李衛正是恰當的人選。此外，李衛處理此事也深知有人賣考題，必有人買考題，考試之時只有考場才有證據。這樣的能力是關係管理五大能力中最基本的卻也是最重要的能力，因爲若不知何種管道傳遞何種資源，其他能力再強也於事無補。以下我們選擇幾個重要的概念來對此能力做進一步的討論。

二、理論基礎

　　依據社會學大師管諾維特「弱連帶優勢」理論，弱連帶較之於強連帶有更好的資訊傳播效果。舉例說明，A有兩個強連帶B和C，基於好朋友互動頻繁，所以B和C有很高的機會因為A的中介而認識。A傳了一個訊息給B及C，B又轉傳於C，而C早就知道了，所以B與C間的訊息通路就是重複的，強連帶很多的一個關係網中，重複的通路也往往很多，而弱連帶則不太會有此浪費。管諾維特又進一步指出兩個團體間的「橋」（bridge）必然是弱連帶。一個團體之內成員間往往互有連帶，所以訊息傳播容易，但從一個團體傳訊息於另一個團體，有時僅僅賴於兩團體中各有一名成員相互認識，而形成的唯一一條通路，這條訊息的唯一通路就被稱為「橋」。橋在訊息擴散上極有價值，因為它是兩個團體間信息暢通的關鍵，但它必然是弱連帶，否則，兩個人間的強連帶會呼朋喚友在一起，使兩團體間很多成員互相認識，這條訊息通路就不再是唯一的，而具有「橋」那麼高的價值。

　　1960、1970年代，很多社會學家做過一些「小小世界」的研究，一系列的實驗曾用來測試人際關係在訊息擴散上的效果（Milgram, 1967; Korte & Milgram, 1970）。有一個實驗讓學生指名他們的朋友，並對交情的親疏遠近給予評等，然後按指名去繪出學生的關係網絡，結果強連帶（評等第一、二名者）往往形成小圈圈，弱連帶（評等倒數第一、二名者）卻會連出一張

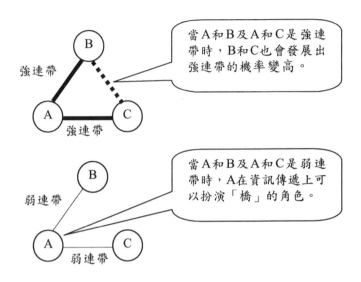

當A和B及A和C是強連帶時，B和C也會發展出強連帶的機率變高。

當A和B及A和C是弱連帶時，A在資訊傳遞上可以扮演「橋」的角色。

大網絡。因而若是強連帶，圈圈會非常小，弱連帶圈圈會非常大。另一個「小小世界」實驗是讓所有的人傳遞訊息，發現強連帶多的人，訊息會只在一個小圈圈內傳來傳去，弱連帶多的人反而可以傳得很遠。這就是弱連帶多的人可以在建立情報網、經營知識創新，就業徵人、口碑行銷、建立客戶關係以及尋找商業伙伴上，占優勢的原因。

還有一個實驗，隨機抽取一個人，要他把一本小冊子透過自己的關係網傳出去，收到的人會被要求以自己的關係再傳出去，以次傳遞，直到給一個指定的人。有一次指定者是一個黑人，結果傳遞過程中，從白人團體手上傳入黑人團體的「橋」，往往被傳遞雙方圈為「認識的人」（acquaintance），而不是「朋友」（friend）。這些實驗說明了強連帶需要較多的時間加以維繫

（強連帶之所以強，就是因爲互動較多），對社交時間產生排擠效果，使一個人的關係網較小，會產生訊息通路上的重疊浪費，所以一群好朋友間，常常訊息會轉來轉去好久，轉不出那個小圈圈。同時也說明了「橋」往往是弱連帶。若一個人擁有很多弱連帶，尤其是擁有「橋」，那麼他在資訊獲取上會有極大的優勢，在資訊傳遞上也常常居於關鍵地位。

同樣的，一個社區內若有許多內部連帶緊密的小團體（cliques），小團體間的弱連帶卻很少，則訊息會限制在某些團體內，傳播效果很差，反之，小團體少弱連帶多的社區，則訊息傳播快速。

然而只有弱連帶的人際關係，很多商業行爲是無法做的，比如合開公司或結成聯盟，一旦觸及了大量的金錢利益，泛泛之交到頭來一定會不歡而散。所以弱連帶之外，在商業世界中，強連帶也是需要的。

魁克哈特指出，管諾維特在回顧了他十年以來關於弱連帶優勢假設的研究之後，明確地指出，關於強連帶的研究應該扮演一個不可被忽視的重要角色。事實上，他認爲「弱連帶提供了人們取得自身所屬的社會圈之外的訊息與資源的管道；但是強連帶對人們的行動會有較大的助益，而且吾人也較容易與他人建立強連帶的連帶關係」。管諾維特引用了Pool的研究成果，進一步指出，強連帶對於處在不安全位置（insecure position）的個人，有可能是極有幫助的。所以，管諾維特從他對自己過去研究的回顧中，得到下列的結論：處於不安全位置的個人極有可能藉著發展強連帶而取得保護，並降低他所面臨的不確定性。

　　魁克哈特和Stern也持相似的論點，他們認爲組織中朋友連帶的形態對於組織處理危機的能力是重要的。藉由一套模擬組織活動過程的設計，他們證明了一個組織若具有跨越部門界限的友誼連帶，那麼此種組織將有利於適應環境的變遷與不確定性（uncertainty）。拒斥環境變遷的人對於不確定性會產生不安感。強連帶則提供了人們彼此相互信任的基礎，而降低了人們對變遷的拒斥程度，並使得人們得以安然地面對不確定性。因此我認爲並非是弱連帶促成了組織的變遷，反而是一種特殊形態的強連帶產生了功用。

　　在魁克哈特研究的一個組織工會的個案中，面對這樣的突發狀況，原本公司完全束手無策，因爲公司的規章、命令系統與威權此時都不管用了，結果發覺，對此一事件最有影響力的，是朋友情感網絡（強連帶網絡）中最受大家歡迎的一位工人，最後公司靠著中立這位「地下領袖」，才解除了工人要組織工會的危機。

　　綜合以上討論，我們可以得知，弱連帶主要可以傳遞的資源是訊息與知識（當然極機密的訊息與知識，弱連帶也無法傳播），強連帶則可以傳遞影響力和情緒支持！

三、重要概念

(一)強、弱連帶傳遞什麼資源？

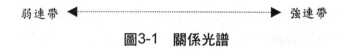

弱連帶 ◀┈┈┈┈┈┈┈┈┈┈┈┈┈┈┈▶ 強連帶

圖3-1　關係光譜

　　《智慧的管理關係》一書作者韋恩‧貝克強調，我們可以
把強、弱連帶當成關係光譜的二極。強連帶指的是一種經常互
動，並且有高度情感涉入，甚至多重連帶的關係，例如，我和
我妹夫一起工作，他是我的好朋友。這中間就包含了三種連帶：
工作連帶、親屬連帶和朋友連帶。要維持一個強連帶必須要有
長時間交往以及大量資源的投入。而弱連帶則沒有這些特徵，
相反的，它是一種低度情感涉入，沒有歷史性，甚至是沒有未
來承諾的，不需要相互信任的關係，然而這樣的連帶在現今商
業社會中卻時時可見，而且十分有用。

　　如同在第三章「理論基礎」裡，社會學大師管諾維特所言，
通常弱連帶主要可以傳遞訊息、知識，而強連帶可以傳遞影響
力、信任和情感支持。所以對於關係管理高手而言，有時候強
連帶非常管用，有時候則未必。善於在不同情況之下運用最適
合的關係，是培養關係管理的第一步。

　　要如何判斷什麼樣的關係是強連帶還是弱連帶？管諾維特
指出：「關於人與人之間連帶的強度，大多數直覺式的觀點均

認為可藉由下列的定義來滿足：亦即連帶的強度（可能是線性函數），包括認識時間的長短，情感的緊密程度，親密性（相互傾訴的內容），及互惠性服務的內容，這些都是連帶的特色。這四個因素彼此之間多少是相互獨立的，雖然它們彼此間很明顯地有高度的內在關聯性。」

　　前三項指標在美國的學術研究中都有相當的發展，但最後一項「互惠服務的內容」卻未有良好的測量法。心理學家黃光國指出，中國人有三種關係：情感性關係、工具性關係以及混合性關係。情感性關係指的是沒利害衝突時，純粹因為有情感而形成的關係，如原來就是同學、同事、家人等，此種關係在中國而言，最易形成強連帶，由此關係轉為混合性關係也容易，如中研院研究員柯志明所研究的五分埔案例中，專屬性外包商常常是自己的同鄉加同僚，有地緣關係還有共事經驗，才好發展出長期的商業伙伴關係。我以黃光國的說法來定義「服務內容」，以發展出指標。

　　另外，為了符應中國人對關係的特殊態度，我又加了兩項指標，分別是關係的來源，以及兩個人關係網絡的重疊程度。中國非常重視關係本身的源頭，如果是父子兄弟關係，即使在平時不很親密，聯絡也不很頻繁，但到了有事的時候還是最值得信任、第一個求助的對象。沒有任何利害關係時認識的人，如讀書時的好朋友及親戚，往往也比較值得信任，因為有利害關係才認識的人，利益糾葛之下信任感就差多了。另外，中國人喜歡「親上加親」，想要建立強連帶的朋友，最好加上共同的事業，再結為姻親，這樣子兩人的共同生活圈重疊越多，一

方的背信棄義也會有越多的人監督，所以相互信任感也會越強。

　　透過下列七個問題的回答，我們可以判斷與某一個人的交情是強或弱連帶，每題勾的答案如果是(1)就得1分，(2)得2分，以此類推，並將每題的分數加總，越高分者表示這條關係有著越強的連帶。

---

1. 我和他認識了：
   (1)剛剛認識 (2)半年左右 (3)一年左右 (4)十年左右 (5)十年以上
2. 我和他聯絡的頻率大概是：
   (1)好多年沒聯絡了 (2)一年至少一次 (3)一個月至少一次 (4)一周至少一次 (5)一天總有一次
3. 我和他談的話題包括有：
   (1)限於公事 (2)台灣的政治 (3)我們有一些共同娛樂的興趣可以談 (4)我會把家中發生的事告訴他 (5)我會把自己的秘密告訴他
4. 我和他除了公事外會一起做些什麼事？
   (1)我們不曾有任何非上班時間的接觸 (2)中午一起吃個午餐 (3)一起去做些娛樂 (4)兩家人會在一起聚餐 (5)我個人私事會請他幫忙
5. 我和他相互間會為對方做什麼事？
   (1)都是業務或工作上的忙 (3)有業務工作上的忙，也有情感上給予支持安慰 (5)都是情感上給予支持安慰
6. 他是我的：
   (1)因業務認識的人 (2)朋友介紹的人 (3)親戚 (4)小、中、大學時的好朋友 (5)二等親 (6)父母子女關係
7. 我和他有多少共同認識的人(朋友、或親戚、或鄰居、或家人)？
   (1)沒有什麼共同認識的人 (2)一群都不太熟的共同認識的人 (4)一小群十分熟的共同認識的人 (5)好幾群十分熟的共同認識的人

(二)信任關係傳遞什麼資源？

　　在第六章的理論探討中，我們知道管諾維特的鑲嵌理論指

出，市場上的信任關係除了能防制欺詐外，還能減少蒐集資訊的浪費，因而可以降低交易成本。在公司的管理工作中，信任被認為是與供應商、策略伙伴建立關係時的關鍵，信任也被認為是跨越工作群組、建立團隊合作的起點，在公司員工之間，它還是相互工作諮詢、自由流通訊息的基礎，信任更被認為是在大型專案起始前，建立專案人力關係融洽的關鍵。根據社會學家Powell所說，信任可以當作是「一個對經濟交換非常有效率的潤滑劑，遠比預測、權威或協議能夠更快、更經濟地減少錯綜複雜的現實」。不管在公司內或公司外，只要公司規章無法規範，法律制度無能約束，訂定契約又不能詳盡時，任何經濟上的合作行為，從知識交換、聯合研發、策略結盟、團隊協作到相互借貸，都必須要有信任關係以為合作的前提。

所以，在與一個人合作之前，先問問你們之間是否有法律或契約可以規範，如果沒有或是不完整，那麼，就要問問，你信任他嗎？

雖然信任被認為對商業行為如此重要，但至今在組織理論中對於信任的角色仍未有充分的研究。從經濟學者的觀點而言，「以人類互動關係的立場來看，可簡單定義為，信任個人，即意味著說，相信對方在出現損人利己的機會時，並不會去實現它」；或者「信任是雙方之間的互相信賴，大家相信在交易過程中，彼此都不會做出傷害對方的行為」。比如Bromily和Cumming就指出：「信任是一種預期，其期望對方能夠1.盡最大的努力實現其口頭承諾或明文規定的義務；2.在協商過程中是誠實的；3.不會占人便宜的」；「X信任Y以致X選擇與Y合作，主

要是建立在X主觀認定的機率下，當在有損X利益的機會發生時，即使該機會有利於Y，Y會加以運用的機率在X認爲應該是零」。以行銷學者Andalees觀點而言，「信任乃是指一個廠商的信念（belief），認爲對方會執行有利於雙方的方案，而不會做出損及交易伙伴的非預期行爲」；「當X信任Y時，X願意承擔與Y來往所可能發生的風險，而此時Y則有責任表現出如X所相信的行爲，即不會做出對X不利的事，只會做對X有利的行動」。從組織行爲學者Carnevale和Wechsler的觀點而言，「信任乃是指對某一個體或群體的行爲或意圖有信心，預期對方會有合乎倫理、講求公平以及和善的行爲表現，除此之外，還會眷顧他人的權利。在此情況下，自己願意承受可能的傷害，將其福祉依靠在他人的行爲上」。

以上管理、經濟各學門對信任的定義都強調「冒險」的本質，也就是第六章中所述的狹義的信任。組織行爲學者並以此爲基礎，分析信任應包括四個向度，分別是對某一個人：1.性格上的信任，即相信他誠實坦白，道德高尙；2.能力上的信任，相信他對某一工作力能勝任，遊刃有餘；3.成熟度上的信任，相信他有始有終，前後一致；4.對兩人關係的信任，相信對方一定會考量我們之間的關係而會有所節制。

此四個向度的信任被設計成下列問卷來衡量各連帶的信任關係強度，回答(1)則得1分，(2)則得2分，以此類推，將各題得分加總，分數越高者信任程度越高。

1. 我覺得他對我是誠實、坦白的。 　(1)非常不同意 (2)有點不同意 (3)有點同意 (4)同意 (5)非常同意
2. 我覺得他具備勝任其工作所應有的知識及技能。 　(1)非常不同意 (2)有點不同意 (3)有點同意 (4)同意 (5)非常同意
3. 我覺得他的行為是穩定可靠的。 　(1)非常不同意 (2)有點不同意 (3)有點同意 (4)同意 (5)非常同意
4. 我覺得他不會占我的便宜，也會為我的利益與面子著想。 　(1)非常不同意 (2)有點不同意 (3)有點同意 (4)同意 (5)非常同意
5. 我覺得他會開放地和我分享資訊並提供意見。 　(1)非常不同意 (2)有點不同意 (3)有點同意 (4)同意 (5)非常同意
6. 我覺得他會在我需要他幫忙時伸出援手。 　(1)非常不同意 (2)有點不同意 (3)有點同意 (4)同意 (5)非常同意
7. 我覺得他會公平地考慮我們雙方的利益。 　(1)非常不同意 (2)有點不同意 (3)有點同意 (4)同意 (5)非常同意
8. 我覺得他會信守對我的承諾。 　(1)非常不同意 (2)有點不同意 (3)有點同意 (4)同意 (5)非常同意

（三）公司內三大網絡傳遞什麼資源？

　　知名企管學者魁克哈特將公司之內關係網絡分成三種，分別是諮詢網絡、情感網絡以及情報網絡，它們分別傳遞不同的資源：

1. **諮詢網絡**（advise network）：對於公司內而言，這是與日常例行性工作有關的權力網絡，通常被諮詢者擁有工作執行的資源，這樣的連帶主要傳遞某些特定的專業知識，可協助工作上較技術性的問題。

2. **情感網絡**（friendship network）：1970年代社區心理學研究者指出，人將人們可以運用、並促進良好的健康與心理的人際關係，稱為「社會支持」（social support），其中，

「情感」支持（socioemotional support）為一重要支持面
向，也是社會生活中不可或缺的一種憑藉。
其傳遞的資源主要除了一種精神上的慰藉外，有情感關
係的人往往對對方有影響力，這是構成非正式權力的基
礎。

3. 情報網絡（information network）：主要傳遞的資源即是資
訊本身。

以下是一份調查公司內三大類型整體網絡（whole network，
亦即公司員工間相互交往情況）的問卷，請仔細填答，因為整體
網絡問卷可以轉換成全公司的關係網絡圖，並可以進一步做關
係結構分析，這分析能力正是關係管理的第二大能力──對關
係有系統性的思考，這些將在下一章中講解。

首先選擇一個你主要的工作團體，盡可能是經常有互動的
團體，可能是全公司的同事，也可能是一個部門。然後將同事
的姓名填入代號中，一一回答下列的問題，並在格子中有關係
的就打勾，沒關係的則保持空白。這張表可以幫助自己了解平
常在公司內和哪些人傳遞哪些資源。

四、企管個案

(一)問題出現

L公司是國內某著名電子T集團所屬的子公司，專注在網路
製造行銷等方面的業務。雖然公司成立至今已經有5年的歷史，

題目／同事姓名	A	B	C	D	E	F	G	H	I	J
諮詢網絡 1. 在工作上遭遇困難時,你會請教哪些同事?										
2. 哪些同事與你下班後會有社交活動?										
3. 在工作上遭遇困難時,哪些同事會主動指導你?										
4. 在處理你個人業務上,你常會和哪些人討論相關問題?										
5. 在形成專案團隊時,你會希望和誰合組團隊?										
情感網絡 6. 你常和哪些同事一起吃午飯(請勾選三位以上)?										
7. 你會向誰吐苦水?										
8. 你和哪些同事會有家庭聚會?										
9. 請勾選你覺得最熟的同事(三位以上)。										
情報網絡 10. 如果聽說辦公室八卦消息,你會先告訴哪些人?										
11. 如果聽說某人會職位異動或想離職的消息,你會先告訴誰?										

但是因為經營階層的人事變動頻繁,所以公司整體上,並沒有建立一套具有共同認知的企業文化及公司制度與規範。因為公司經營階層的人事經常變動,加上沒有共同認知的企業文化及制度,所以在管理制度上就容易出現許多漏洞,而常常去鑽那

些漏洞的人，又以對公司制度較熟悉的資深員工為多。再者，
由於公司制度並不是十分健全，所以在職務的代理機制上並沒
有很好的規定，這也導致了公司出現以下所述的問題狀況：

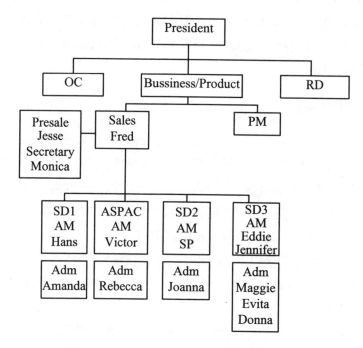

圖3-2　L公司部分組織結構圖

業務部門的主管Fred需要在公司內部執行會議中，報告整個
業務部門的運作事項，平時這些資料是由其秘書Monica去做蒐
集整理，之後再送交Fred開會時報告。某天，由於Fred有事不在，
故請SD1部門中的經理Hans代為報告。但會議前，Hans發現報告

內容有部分重要資料無法取得，碰巧Monica當天又請假，而那些資料似乎只有Monica一人知道，加上平時公司只有部分職務有職務代理制度，秘書的工作卻沒有代理，所以Hans只得求助於業務部門內的其他同事，幫忙取得所缺的部分資料，但發現只有從前與Monica同為秘書，但因表現優秀而被調派為執行實際業務工作的Donna略知一二，使得Hans在此次會議上無法做完整的業務報告。

（二）網絡分析

從訪談中得知，Monica因為在公司算是資深員工，加上所負責的又是秘書業務，所以對公司的行政制度瞭若指掌，常常運用公司制度的漏洞隨意請假，卻因無法以公司制度限制其行為，故也拿她沒轍。但是秘書的業務也需要在她不在時，有一個職務代理人來幫忙處理重要相關業務。

為了立即解決以上的狀況，我們從網絡調查中選取三張網絡圖（兩張諮詢網絡及一張情感網絡），來做選取適當代理人選的分析。

從圖3-3中我們可以發現，當Monica工作上遇到困難時，她會請教的同事只有Jess、Fred和Donna。但卻有6個人會向她請教工作上的難題。由此可以顯示出，Monica在公司裡面扮演的資深秘書角色的確是很重要，所以一旦她請假，卻又沒有適當的職務代理人時，那勢必會引起不小的慌亂。

雖然Jess、Fred是Monica在工作上可以諮詢的對象，但是因為職務層級的關係，不太可能成為Monica不在時的職務代理

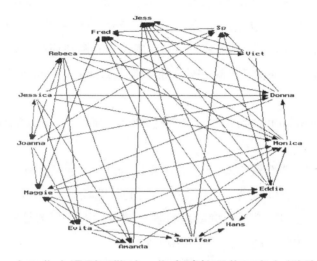

圖3-3　在工作上遇到困難時，你會請教哪些同事？（諮詢網絡）

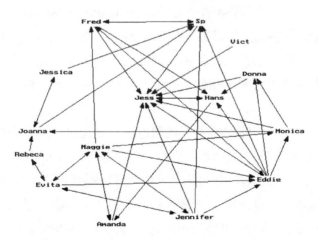

圖3-4　在處理日常業務上，你常會和哪些人討論相關問題？（諮詢網絡）

人。所以剩下的只有Donna一人有可能被考慮。從圖3-4中我們可以發現，在處理日常業務上，Monica常會和Jess、Donna和Joanna討論相關問題。相同的，因爲Jess的職務層級，她成爲職務代理的機率就被排除在外，故只剩下Donna和Joanna兩人可供選擇。

利用Monica的工作諮詢網絡來尋找職務代理人的理由有二：

1. 常常被諮詢或是討論相關工作的人，通常對那項職務的熟悉度較高，運作上手所需的時間較短。

2. 會因爲常被諮詢或是討論相關工作而對那項職務目前的狀況較爲了解，認知斷層較小。

綜合圖3-3與圖3-4的結果，似乎Donna在被Monica諮詢或是參與相關討論的比例較高。然而，Donna從較低的層級去代理較高層級的職位秘書，除了專業知識的考量外，其他的人是否支持則會影響工作運作的順利程度，這部分就必須從情感網絡來分析。

另外，在情感網絡中，我們也可以看出Monica只認爲她在與Donna談天時會談到個人私事，表示她與Donna的私交還算不錯。綜合這三張網絡圖的結果，我們可以輕易發現，Donna似乎不論在諮詢網絡或是情感網絡上，都被Monica視爲是很重要的人物，再者，Donna也被公司內的很多人視爲是情感網絡上很重要的人，其重要性與Maggie相同。

（三）策略解決

　　以秘書這樣的工作來說，在公司內部人事狀況、可信任度、相關工作經驗等等，都是必須要考量的重點。以本案例來說，Monica需要找一個職務代理人，幫她在她無法上班的時間代為處理職務上的相關事宜，這人必須是她可以信得過的、對她的工作情況可以輕易了解、對她的工作可以輕鬆掌握，最好是比她更有經驗或是有相當的秘書經驗，這個部分也就是必須知道什麼資源會如何傳遞。

　　所以我們從Monica的工作諮詢網絡來找出對她的工作有相當了解，甚至可以提供她諮詢的同事人選，以符合擔任秘書代理人的職務熟識度及相關能力。再者，我們再從她的情感網絡來找出她可以信賴的職務代理人選，再將符合此二條件的人做一評比，即可找出部門內最適合擔任Monica職務代理人的人選。經過分析過後，我們發現，Donna不論是在哪一方面都可以符合職務代理人的條件，並且她也曾與Monica一同擔任過業務部門的秘書職務，所以對部門的秘書業務是再熟悉不過了。依據本案例的狀況及網路圖所呈現出來的結果，最後的解決建議如下：

1. 檢討公司內部制度，避免因為制度缺失，造成像Monica這樣玩弄制度的狀況再次發生。
2. 檢討公司高層經營人事流動迅速的原因，並發展健全的企業文化。
3. 將Donna指派為Monica的職務代理人，避免因為單一部門

成員因為無職務代理人,而造成公司運作上的不便。

4. 檢討秘書職務是否掌握過多重要資訊,資訊的不透明化可能造成公司部門成員運作上的負擔。

五、關係管理實戰──名片管理

> 你的名片就形同你送給別人的「電話卡」,讓他們可以隨時聯絡到你。「麻雀雖小,五臟俱全」。別小看這張卡片,它能夠替你傳遞許多重要的訊息。因此你在製作時,除了要考慮圖案、色彩、字型與紙質外,也須留意是否與公司其他用紙或文件格式相符。
>
> ──Donna Fisher和Sandy Vilas的《人際網絡》(*Power Networking*)

要培養「知道資源流通管道的能力」,平常在日常生活中,名片的管理特別重要。一張名片代表一個點,可以告訴你這個點有哪些資源,透過記錄,也可以提供一條線,讓我們知道這個點和其他點的關係。所以自己的名片設計和管理都很重要。接下來我們提供下列三大行動步驟,前兩個步驟是引自《人際網絡》:

步驟一:請把你的名片掏出來,放在手上瞄一眼,然後回答這些問題:

‧這張名片還算美觀嗎?跟別人的名片比起來怎麼樣?

‧從這張名片能否讓人清楚得知自己的職位與工作性質?

・名片上面是否已列印各種聯絡方式？

・字體會不會太小？有沒有資料是已經過期的？

・你對這張名片的設計與印刷品質還算滿意嗎？

・整體而言，你覺得名片上有什麼地方可以再做改進？

・評鑑完畢之後，你認爲該怎麼做，就趕緊去做。

　　步驟二：在每天下班之前，都逐一檢視當天所收到的名片，看看是否有記載日期、介紹人、彼此所約定之事項、對方之重要資料等線索。如果這些都是登錄在後面，不妨在名片的正面書寫上「見背面」三個字，以資提醒。

　　步驟三：針對目前所擁有的名片，根據先前的強、弱連帶、信任關係以及公司內三大網絡進一步分析，這些連帶可能傳遞何種資源。

第四章

知道資源結構並認知網絡的能力——關係的系統性思考

一、知古鑑今——中國人的關係管理智慧

三國初期，北方袁紹有三個兒子：袁譚、袁熙、袁尚。袁紹喜愛繼妻劉女士，而劉女士喜愛幼子袁尚，在袁紹面前不斷讚揚。袁紹想命袁尚當他的繼承人，但並沒有公開宣布，而只先行布置。此外在袁家班的智囊中，袁譚最恨逢紀、審配；而辛評、郭圖則擁護袁譚；跟逢紀、審配互相仇視。等到袁紹逝世，大家認為袁譚是長子，打算擁戴他繼承老爹的位置，審配等恐怕袁譚一旦掌權，會受到辛評等的謀害，遂假傳袁紹的遺命，由袁尚繼承。從此三兄弟內鬥有餘，外鬥不足。

　　故建安8年曹操攻擊黎陽。袁尚和袁譚聯軍在城下迎戰大敗，奔回鄴城。曹操欲乘勝圍城，智囊郭嘉說：「袁紹愛他這兩個兒子，不知道教誰繼承才好。而今，兄弟權力地位完全相等，各有搖尾系統，我們攻擊太急，兄弟就會合作自保，如果給他們一段時間，內鬥一定爆發。不如向南圖謀，等待變化可以一舉而定。」

　　曹操說：「對極！」果不其然，袁譚對老弟袁尚說：「我的部隊因為鎧甲不夠精良，才受到挫敗。而今曹操撤退，軍心思歸，正應在他們南渡黃河之前，出軍追擊，可使曹軍崩潰，機不可失。」袁尚疑心老哥對自己不利，所以既不肯撥付軍隊，又不肯更新裝備。袁譚忿而攻擊袁尚，結果失敗。袁尚反率大軍攻擊袁譚，大敗袁譚軍。袁譚恐懼，派智囊辛評的老弟辛毗，請求曹操救援。辛毗晉見曹操轉達袁譚求救之意。部下官員們一致認為：劉表強大，應先消滅；袁譚、袁尚不過是殘燼餘火，不足憂慮。

　　宮廷秘書荀攸說：「天下正在互相決勝負之時，劉表卻坐在長江、漢水之間，只求平安，他沒有偉大的志向，是可以確定的。袁家班盤據四個州的廣大地區，武裝部隊數十萬，而袁紹又以寬厚著名，深得民心。如果兩個兒子和睦團結，或一人把另一人吞併，力量便告集中；力量一旦集中，就不容易對付。現在正應該趁他們拚命內鬥，下手奪取，天下可以安定，機會不容喪失。」曹操聽從。袁尚聽到曹操渡過黃河的消息，立刻解除平原包圍，返回鄴城。袁尚部將呂曠、高翔，背叛袁尚，投降曹操。但袁譚卻秘密送給呂曠、高翔將軍印信。曹操知道

袁譚並不是真心降服，可是仍將自己的女兒嫁給袁譚為妻，用以安撫，遂即班師。袁尚還不知道迫在眉睫，建安9年，再攻袁譚，曹操於是進攻鄴城，袁尚大軍於是回師救城。曹操部下將領都認為面對「歸師」，人人將殊死作戰，不可抵抗，不如避開。

曹操則說：「袁尚如果從大路而來，我們就躲開；如果沿著西山而來，一舉可以使對方覆沒。」因為從大道來，人懷救本之心，不顧勝敗，有必死之志；沿山而來，可以前進，也可以後退，有倚險自保的願望，沒有誓死犧牲的決心。曹操對袁尚如此判斷，正是兵法上觀察敵人行動的契機。而袁尚果然沿著西山南下，遂大敗。

這個故事一開始凸顯出曹操智囊郭嘉的系統性思考，其看出袁紹死後，袁譚和袁尚會逐漸不和，關鍵在於袁譚最恨逢紀、審配；而辛評、郭圖則擁護袁譚；跟逢紀、審配互相仇視。然而若攻擊太急，則有可能使其兄弟倆合作，所以建議靜觀其變坐收漁翁之利，這就是關係管理強調對整體情勢的分析。而隨後荀攸也分析出，對於曹操而言，鏟除袁紹和劉表的勢力是問鼎中原的關鍵點，但劉表久居長江漢水之險卻無行動，可見其胸無大志，相對於袁紹在北方深得民心，更盤據四州之大，若不乘勢瓦解則不易對付，所以曹操最後也以完全消滅袁家勢力為戰略主軸。荀攸的系統性分析一如隆中對策，為曹操定下制勝戰略。

以上的思考都在在強調資源流動結構的重要性，這也是我們強調關係管理和EQ最大不同的能力之一。以下我們從網絡圖形的組成來說明資源流動結構的可能性。

二、理論基礎

所謂的網絡結構，最基本的組成元素，是由一群節點（node）以及節點之間的線（arc或line）所組成（圖4-1）。節點可以代表一個人、一個組織甚至一個國家。線則代表其間的關係，網絡分析要了解的正是各個節點之間的關係連帶。人與人之間的關係如果在組織行為學中，如上章所說的，可以是情感關係、情報關係以及諮詢關係。組織與組織間關係在企業上可以是生產外包關係、聯合行銷關係、資訊交換關係、財務關係以及聯合研發關係。不同的關係就可以形成不同的圖形，所以相同一群節點可以形成很多不同的圖形。

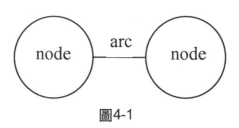

圖4-1

另外在節點之間的關係如果有方向指涉性，則被稱為方向性圖形（directed graph），如圖4-2。有些關係一定是對稱的，如兩人間是否有金融來往，有則關係存在，無則關係不存在，但有些關係則有方向性，可能是不對稱的，比如誰和誰借錢，A向B借了，B卻不曾向A借，所以關係線是一個由A向B的箭頭。圖

4-3則是一個數值圖形（valued graph），也就是把關係的強度計量出來，把數值表達在關係線上。

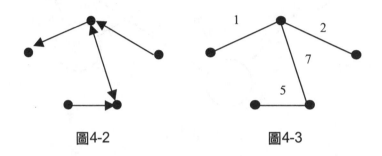

圖4-2 　　　　　　　　　圖4-3

以上的說明主要在於圖形呈現方式的不同，然而關係管理系統性思考為什麼重要？如何被加以運用？以下我們針對幾個重要的圖形分析概念進一步說明，這樣的內容有助於關係管理系統性能力思考的判斷和培養。

三、重要網絡結構指標

（一）距離及可達性

在圖4-4裡，線上的箭頭代表傳遞訊息（或物流、金流、人力流、商品流）的方向，線上的數字代表了兩人的訊息傳達所需的資源（或時間），兩人的情感距離越遠，則訊息傳達的可能性越低，且傳達所花的資源也越多。比如，你想傳一個訊息給丁，卻又不想給甲知道，最好的策略就是告訴丙，卻不跟乙說，這樣子甲就無從知悉，因為他和丙、丁缺少訊息管道。又比如，

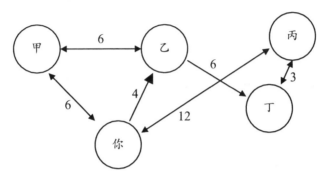

圖4-4

你想最有效率地傳訊息給丁，卻沒有對甲保密的必要，則乙比丙更適合做媒介，因為「你－乙－丁」間距離只有10，比「你－丙－丁」的15短，訊息較易也較快傳到。以下我們介紹幾個名詞概念，有助於我們對整體網絡圖距離和可達性的判斷。

　　首先，我們介紹路徑(path)的概念，在網絡中隨意從其中一個節點出發到另一個節點，如從你到丁，在沒有重複走過相同的線，也沒有重複走過相同的點，走一圈所要花的資源總數，如「你－乙－丁」就是一條路徑，距離是10，「你－丙－丁」也是一條路徑，距離是15。

　　第二，迴路(Circle)概念是網絡分析中很重要的概念，它植基在路徑(path)概念上，就是一條會回到出發節點的路徑，比如「你－乙－丁－丙－你」。這在檢驗一個組織中訊息流通是否會失真的議題上，非常重要。

　　第三，距離(distance)的概念意義就是a節點如何能走到一個

相連的b節點。在這邊要談到兩個相關的概念：可達性（reachability）和捷徑（geodesics）。可達性就是能不能達到你想要的節點。捷徑就是我們要走多少條線才能達到你想達到的節點。它同時要考慮路徑，不能走重複的點和線，也就是說，要挑選最短的一條路徑。所以在這邊我們要給距離（distance）下一個定義，就是捷徑通過的弧的數值（value of geodesics）。

（二）密度與小團體

密度（density）是指網絡成員實際關係數和所有可能關係數的比例。密度高表示網絡中的任何一個點和其他點的關係很多，而密度低就是每一點之間相互連結較少。圖4-5是密度低的極端現象，圖4-6則是密度高的極端現象。

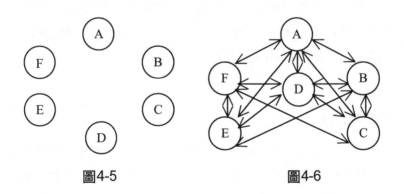

圖4-5　　　　　　　　圖4-6

小團體（subgroup或稱cliques）顧名思義，就是團體中的一小群人關係特別緊密，以至於結合成一個次級團體。比較通俗的說法，小團體可以比擬爲一個派系。而社會圈（social circles）的

定義較派系寬鬆，故常用此概念研究較大的社會組織結構。簡言之，社會圈可被視爲許多派系廣泛地重疊交織在一起。

　　內外群聚指標(E-I index)最主要看的，就是這個網絡內是否小團體現象很嚴重。最糟糕的情況就是大團體很散漫，小團體卻有高度內聚力。另外一種情況就是大團體中有許多高內聚力的小團體，很可能會變成小團體間相互鬥爭的問題，以下是內外群聚指標的公式。

$$內外群聚指標(E\text{-}I\ index)：\frac{小團體的密度}{全體的密度}$$

　　內外群聚指標是企業管理者一項重要的危機指標，當它太高時，就表示公司中的小團體有可能結合緊密，而開始圖謀小團體私利，卻傷害整個公司的利益。

(三)中心性

　　中心性(degree centrality)的概念，就是我們最常用來衡量誰是這個團體中最主要的中心人物，如圖4-7中的G。這樣的人，在社會學上的意義，就是最有非正式權力的人。換句話說，也就是地下總司令。擁有高中心性的人，在團體中往往具有領導地位。

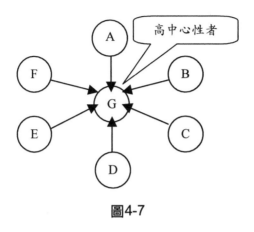

圖4-7

　　以公司內的三大網絡來看,其中心性的角色各有不同的影響力。

1. **諮詢網絡**:這是與日常例行性工作有關的權力網絡,一個諮詢網絡中心性高的人,往往可以在工作設計、分配與整合上有較大的發言權。

2. **情感網絡**:這是牽涉到信任關係的網絡,是「社會控制」最中心的部分,因為在非例行突發事件上,如衝突解決、緊急工作支援、工作小組形成等等,這個網絡結構的中心人物可以起關鍵性作用。這對公司文化形成、願景說服與共享價值等「意識形態」的控制極有價值。

3. **情報網絡**:這是測量一個人的資訊流通能力,往往公司中一個情報網絡的中心人物可以主導訊息傳播,在某些時候成為權力中心。

（四）中介性和橋

中介性（between centrality）則是衡量一個人是否占據了在其他兩人聯絡的捷徑（geodesics）上重要策略位置的指標。如果一個網絡被嚴重的切割，形成了一個一個的小團體，有一個人在兩個小團體中間形成了連帶，其連帶就成為一條橋，如圖4-8的H。若兩個小團體資訊要交流、溝通的話，橋就非常重要。所以當這兩群人聯絡時必須要透過他，代表他具有很高的中介性，能夠媒介兩群人之間的互動與資訊。伯特（Ronald Burt）的結構洞理論就指出，中介者可以掌握資訊流以及商業機會，進而可以操控這兩群人而獲得中介利益。

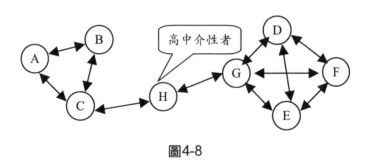

圖4-8

對於橋而言，在不同的結構下則有不同的意義，以下我們將橋分成協調者、中介者、守門人、發言人和聯絡官。

1. **協調者（co-ordinator）**：在一個團體中，協調者經常是十分重要的中介人，中介性高，可以獲得訊息流通及操控雙方的利益。但協調者會同時受到該團體的規範所約束。

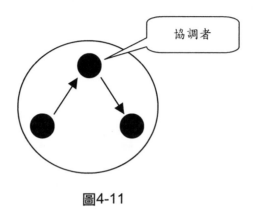

圖4-11

2. 中介者（broker）：相較協調者，中介者的行動自由度就會
　 比協調者來得高，因為他是屬於另外一個團體的，所以
　 較不受該團體規範。

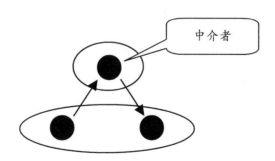

圖4-12

3. 守門人（gate keeper）：守門人是團體與外界聯繫的重要
   管道，操控了該團體的對外資訊。

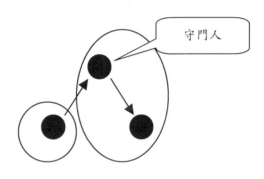

圖4-13

4. 發言人（representative）：發言人是一個團體的對外代表。

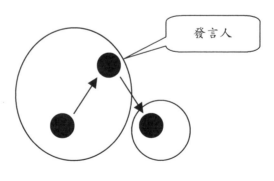

圖4-14

5. 聯絡官(liorison)：聯絡官因為他不屬於任何一個團體所規範，所以他的自由度就會很高，是最具有操控兩個團體能力的人，又可以不受雙方的規範。

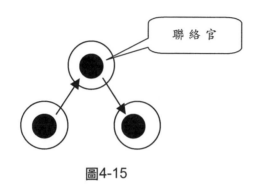

圖4-15

四、企管個案

(一)問題出現

A公司是一家歷史悠久的全球性企業，其營業範圍非常廣泛。該企業最主要的特色就是其「分權式」的組織架構，企業規模雖大，卻仍能保有彈性，每條生產線以及各相關業務部門都像獨立運作的小公司，保有其自主性與創造力。A公司藉由此種營運方式，在競爭激烈的產業界中不斷求新求變，因此一直穩定成長。

本研究所觀察之客服與維修部門，在經過網絡分析之後發現，兩位主管在不同管理方式下，其直屬員工之間的網絡形態也有所差異。整體來看，該部門主管在情感方面的向心力並不

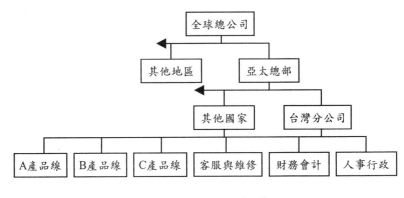

圖4-14　A公司組織

高（網絡中心性指標多低於2），部門成員參與部門活動的意願也
不強。但該部門領導人a1因為與員工年齡有差距，所以不會與
員工有社交活動，但其領導風格卻是開誠布公，有話直說，十
分符合公司的文化，所以基本上部門同仁有事都會相互請教，
有訊息也會自由流通。在該部門雖然擴大規模不久，成員的平
均年資也不長，但已經有幾個小團體的雛形出現了。該部門員
工由於在業務上必須代替公司接受顧客責難，若無合適抒發管
道，心情不易調適的員工很容易士氣低落，並會感染給其他同
仁。針對此情況，a1因此拔擢了一位與員工年齡較相仿的主管
112，來加強同仁的情感聯繫，增加員工的情緒支持。然而112
已積極溝通，但未掌握正確的關鍵人物，因此最後並未解決問
題。

(二)網絡分析

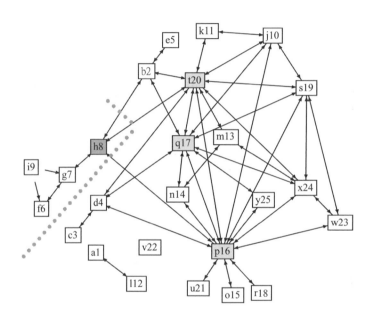

圖4-15 諮詢網絡圖

在這兩張網絡圖中，第一張是諮詢網絡圖，第二張是情感網絡圖。從第一張圖可以看出，a1與l12互有諮詢關係，所以兩人有較多互動，l12也因此成為副主管，幫助處理管理上的問題。

大致上說來，互談私事會形成固定的幾個小圈圈。而諮詢網絡則會沒有特定的小圈圈，網絡核心多半是產品資深工程師（p16、q17與t20）。但兩相比較之下就會發現，通常諮詢網絡的

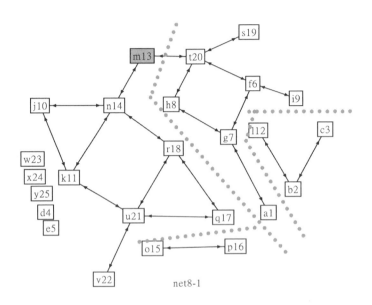

net8-1

圖4-16　情感網絡圖

核心都不會是情感網絡的核心，而情感網絡的核心則是g7、
m13、n14、t20、u21等人。問題在於l12本人屬於一個小圈圈，
而且是人數最少的小圈圈，這正是領導人自己屬於小團體的問
題，平常他就過分倚重他的「親信」辦事，而與其他員工不合
在一起，所以難怪在解決部門同仁間情感和諧及情緒支援的問
題上根本使不上力。

（三）策略解決

　　由此看來，非正式關係的互動很有可能會影響組織中的正

式活動與績效。因此,如果要有效管理,則要對這些非正式網絡的核心人物加以說服。因爲他們的不積極態度,很有可能就是導致部門內訊息溝通不良的因素。若是對情感網絡核心人士g7、m13、n14、t20、u21等人加以了解與互動,則有助於這些核心人物對彼此的信任,進而利用他們的影響力去感染其他員工,增加情感的融洽。

五、關係管理實戰——認知網絡的分析

這裡我們建議讀者,開始進行認知網絡的分析。要想對一個人事環境有系統性的分析能力,就必須時時觀察,心中常畫出關係網絡圖,下面就是一個測驗自己對網絡認知是否清楚的作法。

步驟一:首先測量認知網絡的能力,以下表爲例,把公司所有員工,如果公司較大,請就一個團體,如部門的同事,製成以下的表格。針對前一章我們提到的公司內三大網絡,請先進行自我認知的調查,針對每個人做逐一的判斷。例如,你認爲在談心事的情感網絡上,A會和B、C、E、G談心事,就打勾,以此類推。

情感網絡問題:他們兩人間是否下班後會有社交活動?	A	B	C	D	E	F	G
A		√	√		√		√
B	√		√				

	A	B	C	D	E	F	G
C	√	√		√	√		
D			√		√	√	√
E	√		√	√			
F				√			
G	√			√		√	

步驟二：再來蒐集以上成員實際的網絡資料，去向A到G的七個人直接調查本人的意見，如實際上A只和B、G有談心事的情感關係。

情感網絡問題:他們兩人間是否下班後會有社交活動？	A	B	C	D	E	F	G
A		√					√
B	√		√	√	√	√	√
C		√			√		
D		√			√		√
E		√	√	√			
F		√	√				√
G	√	√		√		√	

步驟三：然後將之畫成關係網絡圖，比對自我認知的和實際的網絡圖是否吻合。

步驟四：用本章的概念來分析關係網絡圖，並說明本公司或部門的網絡結構特徵。

網絡圖形的組成：這裡的點是指公司內某部門的成員，而線則是代表情感關係。

距離及可達性：例如以A要到達C而言，在實際網絡圖中看

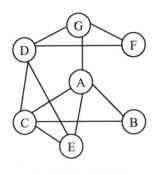

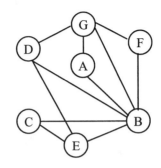

自我認知網絡圖　　　　　**實際網絡圖**

到可以選擇A→B→C是最近的距離，若選擇A→G→D→E→C則距離相對較遠。

　　密度與小團體：在實際網絡圖中，因爲全部共有7個點，若每個點都有關係則爲42條線，但實際上只有11條線，所以密度爲11除以42等於0.261。至於小團體，我們可以從網絡圖直接判斷，如ABFG和BCDE各爲一個小團體。

　　中心性：以自我認知網絡圖來看，其認知的中心者有三位，包括A、C、D。而就實際網絡圖而言，則最高的中心者爲B。

　　中介性和橋：以實際網絡圖來看，B同時也是扮演中介者和橋的角色。

　　想想看，你的公司中誰是「地下總司令」？誰是最佳中介者？有沒有小團體的現象？整個網絡是否密度太疏或太密？有沒有什麼警訊徵兆？

第五章
掌握行動策略點的能力──
創造有利的競爭位置

一、知古鑑今──中國人的關係管理智慧

　　回顧歷史，中國自古以來的精明政客都很懂得「得利第三者」的原理，以慈禧太后來說，咸豐11年，年僅31歲的咸豐皇帝在病榻上一命嗚呼。其妻妾成群但只有載淳一個兒子，時年6歲。臨死前，他召集在承德的八位大臣，宣布立載淳為皇太子，命八位大臣為輔政顧命大臣，輔助幼君。這「八大臣」是：肅順、端華、載垣、景壽、穆蔭、匡源、杜翰、焦祐瀛。其中咸豐皇帝在朝中最為倚重的大臣是載垣和端華，但言兩人背後的操縱者卻是肅順，他是八大臣的實際首領。八大臣受命後，暗地裡議起朝政來。他們覺得：輔佐幼主，正是趁機壯大自己權力的好機會，但必然會導致另一部分權貴的反對。其中最大的

障礙便是懿貴妃那拉氏,她必然會仗著自己是小皇帝的生母,干涉朝政。

然而懿貴妃聰明伶俐,能言善辯,一天天得寵,甚至經常替咸豐皇帝批閱奏章,代寫御旨,因此對朝廷軍政大臣人際關係也有所了解。而皇后鈕祜祿氏性情溫和,因為沒生下皇子,在懿貴妃面前,也常常讓她三分。咸豐駕崩之後,八大臣奉旨扶載淳即皇位,定年號為「祺祥」。鈕祜祿氏尊為「母后皇太后」,居東宮又稱東太后,那拉氏被尊為「聖母皇太后」,因居西宮又稱西太后。肅順等八大臣掌握攝政權後,對西太后處處設防,但西太后工於心計,決心除掉肅順等人,把權奪過來。這一天,她來到東太后面前,拉攏東太后,慫恿說:「肅順這幾個混帳大臣,心懷叵測,處處為難咱們,欺侮咱們,豈不就是欺侮小皇帝,我看他將來定要圖謀不軌,依我之見,非得趁早把他們處置了,由咱倆共同垂簾聽政。」東太后缺乏主見,同意了其主張。這時西太后心想要達到此目的,只有拉攏在北京擁有實權的恭親王奕訢。

恭親王奕訢是咸豐皇帝的六弟,咸豐皇帝對他存有戒心,故「北狩」時,咸豐帶了其他人逃走,卻讓他留在北京與英法聯軍議和。奕訢在北京同英法兩國代表簽訂了喪權條約後,反而得到列強的賞識,從而增強了他的地位。西太后深知奕訢和八大臣向來不和,她就加以利用。她派太監秘密傳信給奕訢,要他到承德來共商大計,於是奕訢以哭咸豐名義飛奔承德而來。而西太后最關心洋人對兩宮太后垂簾聽政的態度。奕訢說:「反國對太后聽政絕無異議,如有誤會,我盡可解釋,若有不

妥，唯奴才是問！」而奕訢回到北京，召集黨羽，拉攏八大臣
的反對派，緊鑼密鼓地為皇太后垂簾聽政做輿論準備，他們編
了一本「臨朝備改錄」，蒐集了歷史上皇太后垂簾聽政的實例，
為西太后上台找依據。奕訢還指使御史董元醇等人上奏，建議
皇太后垂簾聽政。另外，他還與在北京地區掌有兵權的勝保和
僧格林沁等大將串通一氣，作為實力後盾。西太后獲得了這個
有力保證，便放心大膽地實施她的辛酉政變，殺了載垣、端華
和肅順，其餘五人也革職發配新疆。

　　隨後慈禧又安排她的兒子載淳舉行了即位儀式，並廢除八
大臣定的「祺祥」年號，從下一年起，改用「同治」年號，以
表示兩位太后與小皇帝共同治理國家的意思，同時給東太后紐
祜祿氏加徽號「慈安」，自己稱「慈禧」。奕訢扶持慈禧太后
實現了垂簾聽政，也取得了議政王的高位厚祿。慈禧太后之所
以能登上最高統治者的寶座，主要是由於奕訢的支持，此外，
早在咸豐10年時，奕訢與大學士和軍機大臣桂良和文祥，便要
求籌辦洋務形成所謂的洋務派，其中主要的代表人物除了奕
訢、文祥外，還有曾國藩、李鴻章、左宗棠、張之洞等人。其
中最突出的代表是奕訢和李鴻章。而奕訢之所以支持慈禧，則
是想藉太后垂簾之名，行獨攬大權之實，尤其辛酉政變後，奕
訢任議政王、軍機大臣、宗人府宗令、總管內務大臣，並總理
各國事務衙門，集政治、軍事、外交、皇室等大權於一身。當
慈禧地位還未鞏固之時，她不得不利用奕訢，等到地位鞏固之
後，她便不能容忍奕訢分享她的權力了。於是結合反對洋務的
一群人，包括：倭仁、周祖培、瑞常、朱鳳、萬有藜、基溥、

吳廷棟、王發桂等人來抵制奕訢，大權重回慈禧之手。直到光緒20年，中日甲午戰爭，李鴻章苦心經營30多年的北洋水師全軍覆沒。至此洋務運動以徹底的失敗而告終。

到了晚年，慈禧太后退居頤和園，哪會真心撤簾歸政，放手讓光緒為所欲為地實施變法。不過慈禧深知變法改革是大勢所趨，朝野人心所向，所以慈禧仍占據著改革和保守派之間的位置，協調其相互的衝突，因此自變法以來，保守派大臣前前後後，一次次、一批批地跑到頤和園，向慈禧太后告光緒以及康有為等人的狀，慈禧多是含而不露，笑而不答，使得大夥不知老佛爺葫蘆裡究竟賣的是什麼藥。

上述三段歷史中，我們都可以發現慈禧太后和改革派、保守派雙方團體的領導者，皆保持了強連帶的關係，但卻可以使兩大集團互相排斥，由慈禧居中協調，這正是可以藉由「得利第三者」位置來操控整個網絡的策略關鍵點，因此為慈禧在此網絡結構中創造了有利的競爭地位。

接下來，我們來說明在一個網絡之中有哪些策略關鍵點。

二、理論基礎

經濟學自熊彼得（Joseph A. Schumpeter）以來就一直視企業家精神為促成經濟成長的生產要素之一，但卻也是最少被研究的生產要素。熊彼得眼中的企業家精神，僅是發明創造新產品或新製程的能力，奧地利學派（熊彼得在任教於哈佛前，就來自奧地利）擴大這項研究，其中Mark Casson就指出，企業家精神該

被定義爲對市場的靈敏觀察能力，能發現甲地之有與乙地之無，
然後搬有運無，有能力也有動機去掌握市場機會。明顯地，Casson
視企業家爲訊息上的「橋」，能發現兩地之有無，加以運用。

　　伯特結合了奧地利學派與管諾維特的理論，創造出「結構
洞」理論（structural holes）（Burt, 1992）。他以爲企業家在商業競
爭上有三種資本：財務資本、人力資本與社會資本（social
capital），要如何有效地創造社會資本呢？重要的原則就是要減
少重複的關係，並盡量創造結構洞，簡單的說，結構洞就是兩
個團體間缺少連帶，在網絡結構上會形成一個大洞，若某一企
業家能居間作爲「橋」，則他可以發現兩個團體間的商業機會，
並中介兩個團體間的交易。伯特的理論引伸了「弱連帶優勢」理
論，指出了弱連帶在社會資本與商業機會的創造上具有的價值。

　　伯特認爲在競爭的商業中，企業家要如何比其他人獲得更多
的利益，端看其能否掌握較廣與非重複的網絡關係，則能獲得的
機會越大，以伯特的觀點，最富有商業機會的網絡就是充滿結構
洞的網絡。企業家若能在他的社會網絡中創造許多結構洞，他就
比別人掌握更多的商業機會。弱連帶的多寡與不建立重複的關
係，是結構洞重要的指標，花費許多時間與同一群人互動，通常
會漸漸彼此認識，一如「弱連帶優勢理論」所說的，自己的兩群
熟朋友間會相互認識，這樣的情況是不可能有結構洞的。

　　結構洞的重要性在於它能帶來兩種利益：訊息利益與控制
利益。所謂的訊息利益包含三種形式：

1. **訊息通路**：指能夠知道一件有價值的訊息，並知道有誰
　　可以使用它。

2. **時機**(timing)：除了確定你會被告知某項資訊之外，私人的接觸可使你成爲及早知道的人之一。
3. **介紹**(referals)：私人的接觸使你的名字在適當的地點、適當的時間被人提及，獲得推薦。

控制利益指的是協調兩群人衝突時的第三者所能獲得的利益，也就是兩群人間的需求是彼此衝突的，因此他們不斷投注更多的信賴以獲取第三者的青睞，第三者變得可以選擇自己有利的方案從事協調工作，因而從中得利。第三者可以採用兩種策略，在同一段關係的兩個或更多參與者間，扮演第三者角色，如有數名追求者的女性；另一個策略是在需求彼此衝突的團體間，扮演第三者，如在議會中進行表決時，兩大黨之外的第三小黨就成爲關鍵少數。控制利益也來自第三者在兩群衝突者間，傳達正確或模糊扭曲的消息，因此他可以挑起紛爭，也可以止息紛爭，完全依他個人的需要而操控衝突變大或變小，形勢盡在其掌握之中。

隨後，伯特在研究廠商之間的談判行爲時也指出，如果能讓自己這一邊的賣方團結一致，而讓對面的買方各自爲政，在買方間有效控制，創造很多結構洞，則談判的主動優勢會掌握在我方手上，因此而能獲得更大的交易利潤。同樣的觀察也發生在公司之內，一個懂得在競爭者中創造結構洞，而自己卻能占到有利位置(比如橋的位置)的人，往往升遷較快。

三、重要概念

在了解了資訊流通的管道結構,並培養系統性思考和清楚認知網絡後,接下來便要經由網絡分析掌握行動的策略點,創造有利的競爭位置。這也就是關係管理五大能力之三的掌握策略點的能力。所謂的策略點,在於其能夠影響整個網絡資源的流動,然而,不同資源的流動則牽涉到不同屬性的策略點。整體而言,策略點通常有兩種:第一是中心者,第二是橋和中介者,配合不同的網絡結構,其對網絡資源的影響力也各不相同,所以第三部分我們要談談得利第三者和齊末爾連帶(Simmelian Tie)的現象,最後再探討其他不同問題的關鍵點。

(一)中心者

一般而言,在一個網絡之中,高中心性者通常對資源流通最具有影響力,最適合成為策略點,然而不同的關係性質(情感、情報、諮詢、信任),使得策略點的使用也會有所不同。一些美國管理學者已完成的研究顯示,下述議題可以用網絡分析來診斷問題,並以中心者為策略點來解決問題。

1. 傳達願景、改造組織文化

這與情感網絡有關,一個對員工有非正式影響力的人,最合適去推銷公司願景,而情感網絡與非正式權力有關,所以要找出情感網絡中心性高的員工做種子部隊。

2.危機處理

這與情感網絡有關，必須尋求情感中心性較高者來協助。

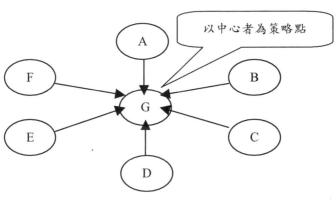

以中心者為策略點

圖5-1

(二)中介者與橋

相對於中心者，中介者通常可以掌握資訊傳播的利益，成為介紹人的角色。作為策略點，可以有效率地操控資訊流通網絡，以下的議題可以中介者為策略點來解決問題。

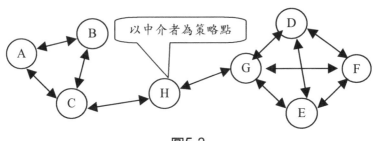

以中介者為策略點

圖5-2

1.團體衝突解決

這與情感網絡有關，計算小團體在哪裡，以內外群聚指標（E-I index）算出衝突的可能性，並找出兩個團體間的橋來化解衝突。

2.如何組成工作團隊？

這與情感網絡及諮詢網絡有關，團隊中要和諧就要選互動良好的一群人，另外還要選與其他團隊在情感及諮詢上互動良好的人，做團隊間的聯絡官（liaison）。

（三）得利第三者與齊末爾連帶

在探討策略點的選擇時，這個部分我們要進一步討論，橋和中介者除了會是「得利第三者」（tertius gaudens）外，也可能會形成齊末爾連帶（Simmelian Tie）的效應，此時橋的位置不但不會有利，反而變爲有害。

何謂齊末爾連帶，其網絡結構有何不同？首先伯特指出，「橋」也就是中介者，除了可以發現商業機會，媒介商業交易之外，它還可以居於戰略性關鍵地位，操控兩個有「結構洞」的群體，取得控制的利益，他稱之爲「得利第三者」（tertius gaudens）理論。正是因爲甲、乙兩個團體平常少有往來，相互缺乏信任，所以一有衝突、協商，或聯合行動時，常常要第三者作爲協調中心，第三者於是居於有利地位，靠著操弄訊息管道以及雙方對他的信任，而取得領導的地位。

「得利第三者」的典型網絡圖，我們可以用圖5-3來說明。

首先 I 的兩條連帶主要是 A 集團的 H 和 B 集團的 G，而 H 和 G 在各自的集團內都有中心性高的特質，依照伯特的說法，I 這個策略點，擁有資訊的利益，甚至控制的利益。

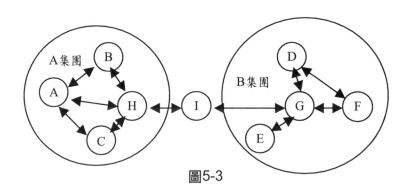

圖5-3

然而這裡有一個問題值得進一步探討，就是 I 和 H 或 G 的連帶是強連帶或是弱連帶？若依照管諾維特的說法，橋和中介者通常都是弱連帶產生的，因為基於平衡理論，若 I 和 H 或 G 的連帶是強連帶，則 H 和 G 認識的機率也相對增加，那麼 I 得利第三者的位置則會消失。但是弱連帶能傳遞的資源大都限於資訊、知識，若要達到控制雙方和影響雙方的能力，強連帶則較有優勢，所以伯特認為 I 和 H 或 G 的連帶是強連帶，較有可能成為得利第三者。

但若是網絡結構從圖5-3變成圖5-4時，I 便可能會受到兩大集團規範影響，受到更大的限制，因為兩個團體都把他當作自己人，都希望他只代表我這一方的利益，並接受我群團體規範的束縛，也就是說，I 非但無法從中得利，反而成為兩大集團對

抗下最大的受害者，這也就是社會學大師Simmel所說的齊末爾連帶（Simmelian Tie）。

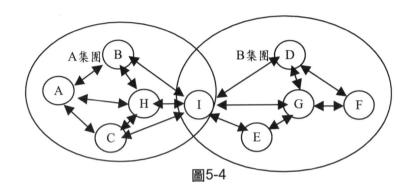

圖5-4

　　金庸小說筆下的韋小寶，可以讓我們對從「得利第三者」變成「齊末爾連帶」有很深刻的體會。首先，剛開始韋小寶在康熙身邊僅是一個太監，在天地會裡雖說是個香主，但大多數的人都是看在陳近南的面子上，才對韋小寶另眼相待，這時候我們可以發現，韋小寶常常扮演得利第三者的角色，後來韋小寶在康熙身邊越來越重要，甚至當上欽差且封伯爵，而且在天地會裡，也因陳近南死去後被擁為總舵主，康熙希望韋小寶能消滅天地會，而天地會則希望能殺掉康熙以求反清復明。這樣的角色使得韋小寶的壓力越來越大，滅天地會也不是，殺康熙也不是，後來韋小寶乾脆找個小島躲了起來，得利第三者變成齊末爾連帶，韋小寶受不住壓力，只好一逃了之。

　　所以如何掌握一個得利的策略點，又不使其變成壓力點，除了在網絡結構上的安排，更需要關係管理的種種智慧，這在

下面第七、第八兩章，會有進一步的說明。

（四）不同問題如何找到關鍵點

問題點所要思考的是一個健全的網絡特質。因應不同的問題點，找出網絡結構的特性與健全特質的差異，以求補救。以下這些議題可以用網絡分析來診斷問題，並以問題點為策略點來解決問題。

1. 下情不上達、上情不下達

與情報網絡有關，要算出結構洞在哪裡成為訊息障礙，也要計算出哪裡的訊息迴路(circle)不夠，所以訊息在傳遞過程中受到扭曲。在迴路不夠的地方建立一條連帶，使訊息得到反饋。

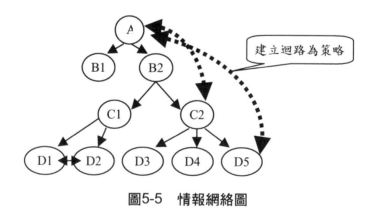

圖5-5　情報網絡圖

2. 知識累積與創意可能性

這與諮詢網絡有關，找出不同業務間是否有溝通障礙。

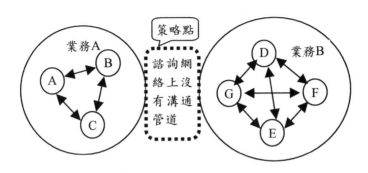

圖5-6　諮詢網絡圖

3. 離職研究

　　這與情感網絡有關，因為離職員工對在職員工有非正式影響力，可能因為離職行為而帶動其他人的離職，或影響在職者的工作士氣。最好的策略點是離職者，可選擇慰留離職者，或請離職者協助安撫在職者情緒。不然就選擇在職者當中情感中心性較高的人為策略點。

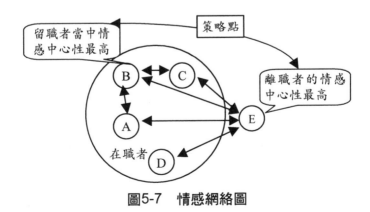

圖5-7　情感網絡圖

(五)最有可能發生問題的網絡結構

綜合以上概念介紹，這裡我們特別討論幾種較常發生問題的網絡結構：

1. 低密度 (low density)

人人各自獨立，彼此之間都沒有任何連帶，造成溝通不良，默契不夠，合作困難，資訊阻滯，所有組織間可能出現的問題，在這樣的結構下都有可能出現。

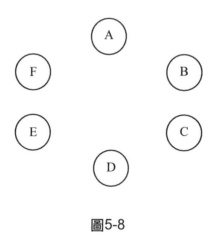

圖5-8

2. 高密度 (high density)

一群人的交情太好，不容易做正事，反而可能會以私謀公，外人很難控制。除了分派系之外，同一派系內的交情太好，也會做些暗室交易。

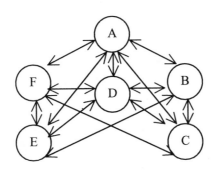

圖5-9

3. 低科層（low hierarchy）

沒有領導中心，是一個高度平行化的結構，可能會過分分權，雖然訊息有流動，但沒有一個權力核心，而且也欠缺一個反饋機制。

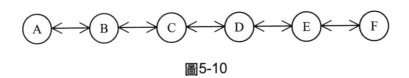

圖5-10

4. 高科層（high hirerachy）

這種沒有訊息迴路（circle）的關係結構裡，任何訊息沒有反饋（feedback）、沒有對流。同時，也缺乏一個共同管道（common deferent），若一個組織發生爭執，會讓這樣衝突蔓延到其他部門，使得問題一發不可收拾。

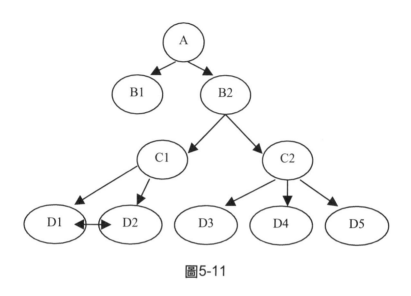

圖5-11

5. 低共同管道（low common deferent）

　　指一個團體內任兩人之間中介者不足現象，若有人發生爭執，則缺乏一個有效、快速的仲裁，很可能衝突會馬上蔓延到整個組織。另外一個問題，就是權力過分集中。

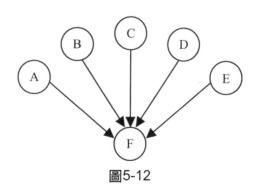

圖5-12

四、企管個案

(一)問題出現

　　這個個案是魁克哈特分析有關一個軟體公司的個案。David Leers自認爲他非常了解他的員工，15年來，這個軟體公司培養了非常多專業優秀的人才，在辦公資訊系統(office information systems)方面有良好的口碑。專職設計與輸入這個系統的現場設計團隊(field design group)也爲公司賺了不少錢。公司的成敗就在這群明星身上，Leers和他們保持密切的關係。然而，Leers同時也擔心一件事，那就是這麼做的結果，會不會忽略了其他像是「軟體應用」或「整合溝通科技」這一類部門，而讓公司喪失了它的競爭優勢。因此，Leers投入較多錢在這些部門身上。可是這個時候，這群現場設計團隊的明星也開始擔心，他們會不會因此喪失了他們在公司的特權地位。於是一些關鍵人物就開始抱怨薪水太少之類的問題。

　　問題之所以難以解決，則是因爲Leers看錯了此一部門的領導人Calder，他認爲以Calder的專業知識，一定很多人會願意信服他，與他分享許多經驗；結果沒想到事與願違，與Leers原先的想法大異其趣，因爲他所認知的信任網絡與實際上的信任網絡完全不一樣。圖5-13是公司的組織結構圖。

(二)網絡分析

　　基於Calder是現場設計團隊的領導，所以在「Leers心目中以

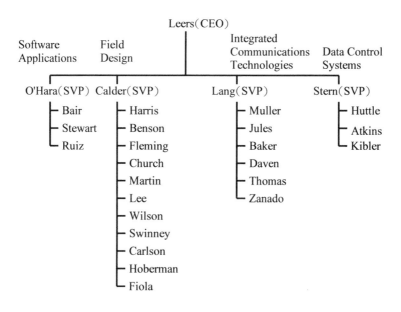

圖5-13　組織結構圖

為的信任網絡」這張圖中，Leers以為Calder是團隊信任網絡的核心，以為Calder的人際關係很好。其實他有這種推論並不奇怪，因為任何一個經理人都會覺得，正式的工作場合中，會讓彼此產生良好的人際關係連帶，經理人也會覺得既然某甲信任某乙，則某乙自然會信任某甲才對。而在「Calder心目中以為的信任網絡」這張圖中的結果更驚人了，他認為團隊中根本就沒有什麼信任網絡。

　　這個問題的來源是現場設計團隊的頭頭──Calder。我們都知道一個人認知網絡的能力是與其管理能力高度相關的。Calder

在他的部門中是一個表現優秀的人，Leers派他當經理，因爲他的技術最好。所以Leers認爲，以他的學養與經驗應該可以令許多來自不同專業的專家信服。在一般的專業組織中，最常見的情況就是這樣：把最具生產力的人拔擢爲經理人。然而，在下圖中可以看出，Calder在信任網絡中也是一個邊緣人，他極度缺乏管理能力，常說別人笨，不關心大家各自的專業。

　　Leers知道Calder不是一個長袖善舞的人，可是卻不了解這個團隊正處於Calder暴虐的管理風格中。在Leers的認知中，Calder位於信任網絡的核心，以爲他和大家都應該處得很好。這其實是一個相當令人擔心的情況。

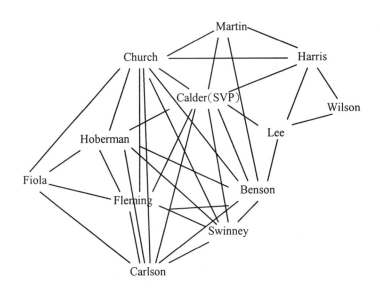

圖5-14　CEO認知的公司信任網絡

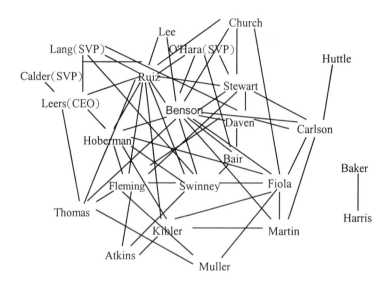

圖5-15　公司實際的信任網絡

Fleming ──────── Hoberman

圖5-16　Calder認知的公司信任網絡

（三）策略解決

　　在個案中，Leers發現這些問題之後，並不想馬上叫誰走路，這樣誰也不好看。他覺得所有新的安排都必須與非正式網絡配合。他改變正式組織來改善非正式網絡的結構：他讓Calder成為一個專業的特殊情境團隊（special situation team），直接向Leers報告。他必須和非常精通的客戶討論專業問題；這個位置讓

Calder能夠發揮更多專業知識，也讓他能夠和別人多交際。Leers
發現，其實Calder並不喜歡帶一大群人，也不喜歡扛著一大堆行
政上的管理責任。因此，Leers乾脆拔擢Fleming，因為儘管他只
是一個性情平淡的員工，但他在信任網絡中位居要職，在諮詢
網絡中也有影響力。

　　因此，整個來說，在下一季中，Calder這個新團隊的績效改
善良多，也為公司帶來財富。

五、關係管理實戰技巧──尋找關鍵策略點

　　步驟一：首先針對自己公司所面臨的某一類型問題進行探
討。例如A公司的研發部經常有創意不足的問題。

　　步驟二：選擇適當的資源流動來作為網絡的分析，並畫出
本身認知的網絡圖（可以節省實際調查網絡的時間），如創意不
足，我們可以針對諮詢網絡和情感網絡來畫網絡圖。

　　步驟三：與較熟識的同事，針對認知的網絡圖進行討論，
以期更接近實際的網絡，進而探討問題解決的關鍵策略點。

第六章
長期布建關鍵點的能力——
NQ的基礎在信任

一、知古鑑今——中國人的關係管理智慧

孫權病危,召見諸葛恪、孫弘、滕胤,以及將軍呂據、宮廷隨從官孫峻,進入臥室囑咐後事。孫權逝世後,孫弘跟諸葛恪素來不和睦,各自負氣,不肯向對方低頭,孫弘恐諸葛恪當權後,對自己不利,於是秘不發喪,打算假傳聖旨,誅殺諸葛恪,孫峻得到消息,暗中通知諸葛恪。諸葛恪邀請孫弘商談公事,就在座位上斬了孫弘。太子孫亮即皇帝位。擢升諸葛恪當太傅,滕胤當將軍,呂岱為大司馬。諸葛恪下令免除人民所欠的田賦捐獻,赦免逃犯,撤銷關稅,普遍推行德政,一片歡騰,萬民歸心。

同年11月,曹魏南下發動大規模攻擊。東吳大勝,諸葛恪

凱旋而歸，晉封全國各戰區總司令官。隔年，諸葛恪認為曹魏帝國不堪一擊，打算再度出兵，各高級官員認為數年以來，大軍屢動，兵力財力都不堪負荷，紛紛勸阻。諸葛恪全不接受。中級國務官蔣廷，堅持不可以出兵，諸葛恪教人把他逐出大門，並撰文通告大眾，解釋其出兵的原因。大家心裡都知道不可以出軍，但諸葛恪權大，沒有人敢再提出不同的意見。

諸葛恪的老友丹陽郡長聶友寫信勸阻，而諸葛恪卻在文告後，批幾個字給聶友說：「你雖然懂得普通道理，但不了解國家勝負興亡基本原則，仔細研讀我的言論，就可醒悟。」於是諸葛恪下令全國動員，傾全國之力北伐。然而東吳大軍圍攻合肥新城兩個多月，久攻不下，病死戰死的已超過一半，大本營的值日官每天都向諸葛恪報告日增的患病人數，諸葛恪認為詐欺要斬值日官。從此沒有人敢向他報告。

諸葛恪已經發現他的策略錯誤，但他不肯承認錯誤，偏偏又無法把城攻下，情緒遂失去控制，忿恨惱怒。將軍朱異因軍事上的見解，冒犯諸葛恪，諸葛恪立刻剝奪朱異的部隊，把朱異逐回首都建業。最後，皇帝孫亮不斷下詔召見，才迫不得已從容不迫的回軍，從此全國對諸葛恪失望，並由崇敬而痛恨。隨後，東吳大軍返抵首都，諸葛恪大張旗鼓，嚴密戒備，並直接到統帥府，召見總立法長孫嘿，苛責說：「你是什麼東西，怎麼敢隨便下那麼多詔書？」孫嘿惶恐告辭後聲稱有病，回家休養。諸葛恪出征後，朝中新任的官員，其下令一律撤職另行考選，並且態度更為嚴厲，凡晉見他的人，一個個戰慄恐慌，不敢大聲呼吸。而武衛將軍孫峻，因民怨沸騰，於是誅殺諸葛

恪，並滅三族。

　　這個故事即是在凸顯，有些人有很好的關係資源(諸葛恪老爸諸葛謹與老叔諸葛亮為他留下豐盛的人脈資源，諸葛恪本人又自幼有才名，全國仰望，可惜EQ太低，連恩人都能得罪，最後死在恩人手下)，然而卻因為EQ不高，以致遍歷三台卻到處得罪別人，要知水能載舟，亦能覆舟，而這裡的水即是人脈，要不覆舟，便要清楚認知關係管理是建基在EQ之上的，並身體力行。

二、理論基礎——鑲嵌與人際信任理論

　　長期經營個人的關係管理，其實就是要取得別人的信任，進而因大眾的信任而獲得聲譽。與之相反的，則是一種何時切掉關係、如何切掉關係的智慧。

　　經濟學大師Williamson曾提出有名的「市場或層級」(markets or hierarchies)問題，一個公司為什麼要在市場上交易，而不把這筆交易內化進公司的科層體系內？他以交易成本(transaction cost)的觀念來研究這個問題。簡單的說，如果在市場上採購的交易成本低，而在一個公司內自行生產，自給自足的成本高，則公司會把這樣的交易留在市場上。否則就擴大公司組織，讓交易變成內部交易，置於一個管理權威的控制之下。

　　管諾維特則提出「鑲嵌」(embeddedness)理論反駁他，認為一切經濟行為都鑲嵌在人際關係網絡之中，交易行為是在社會互動中做出的，從而批評Williamson錯誤地詮釋了商業交易的性

質，因為他保持了新古典經濟學的傳統，只看到社會性孤立（atomized）的組織或個人，依成本效益分析，做出合乎經濟理性的決定，而忽略了在交易中有人際互動與信任的問題，也看不見信任與防制欺詐之間的關係。

談到欺詐，Williamson眼中的市場秩序是一個靠法律與契約維持的秩序，而公司內的科層體制則是一個威權世界。當一宗交易是長期的、複雜的、又具有特殊性時，因為外在環境在長時間中的多變，契約很難規範複雜交易中的雙方行為，交易成本就會隨著不確定性的提高而增加，這時，公司適合把這類交易內化進科層體系內，置於一個管理權威之下，靠著命令以保障交易的順遂。管諾維特批評Williamson的看法犯了「低度社會化」（under-socialization）的問題，看不到社會互動與信任關係在商業交易中扮演的角色，而以為欺詐防制主要靠的是市場上的法律、契約，以及公司內的制度、規章。

實際上，商業交易到處可見人際關係的影子，像超級市場裡買了就走的「現金交易」（spot shopping），只占了極少的比例，而多數的交易都牽涉到雙方的關係形態與互動方式，此時不是沒有合約，就是合約訂得不清不楚，即或有清楚合約，爭議發生時，也很少依合約來公事公辦。交易的順遂來自交易雙方的互信，而信任的產生主要有賴於長期的互動。一宗長期的、複雜的、又具有特殊性的交易，可能在市場上「閒話一句」就拍板定案；科層組織則未必能夠保證內部交易一定順遂，公司內也會有內鬥內耗、瞞上欺下的行為。選擇「市場或層級」，需要把市場上或公司內的信任問題考慮進來。社會互動以及因互

動而來的信任關係，對交易順遂與否，有著關鍵性的影響，也是交易成本決定性的因素之一。很多研究顯示，在同盟關係中，品管要求、趕貨、插單，甚至損失發生時認捐損失，都可以憑著「善意」就輕易解決。此時，防止欺詐、解決爭端所需的交易成本，諸如簽約、徵信、法律顧問以及必要時的訴訟，都可以節省下來。當市場上存在著信任關係以至於使交易成本較低時，交易會被留在市場上，而不會被內化進公司裡。這種關係如果被制度化，交易雙方成了長期盟友，則變成網絡式組織。管諾維特的「鑲嵌」理論提出了組織間信任的問題，並指出這種信任關係具有防制欺詐，從而節省交易成本的功能。

　　市場上的信任關係除了能防制欺詐外，還能減少蒐集資訊的浪費。越在資訊不完整的市場上，欺詐發生的可能性就越高，市場上的風險也越高，信任關係則變得越重要。知名人類學家Geertz在研究摩洛哥的一個以物易物市場時，就發覺在商人漫天要價，隱匿行情，而極度缺乏訊息的情況下，交易者需要一家一家商店探詢貨物，然後一次一次討價還價，才能了解市場行情，這過程耗時費力，使得交易極無效率。此時若有信任關係，走進市場幾分鐘就可能完成交易，而不是花一整天去蒐集訊息。

　　雖然自亞當·斯密（Adam Smith）以來，經濟學家就期望訊息的自由流通可以防制欺詐，大家都能夠貨比三家不上當，可惜大多數的市場都不是同質產品的完全競爭市場，除了訊息管道的隔離會阻礙訊息自由流通外，廠商也會在異質產品競爭中「留一手」，以保持競爭優勢，所以很少交易能在完整訊息下做成。越是「機密」的訊息，就需要越多的資源去獲得，或需

要越強的信任關係才能交流，這時信任關係就顯得越重要。矽谷的Flextronics總裁Todd就承認，「知識聯盟」的形成往往不是一紙合約就能辦到的，也不是短期的供貨關係便能建立起來，一紙合約的短期關係往往只能做技術移轉，而無法形成「知識聯盟」，沒有數年以上的合作關係，雙方很難開誠布公，毫無保留地透露新產品的「技術機密」。

　　從以上的討論，我們可以知道信任關係會防制交易欺詐的發生，減少蒐集訊息的浪費，因而節省交易資源，並促進合作的可能性，在先前的一些理論與田野觀察中都得到證實。

　　自從鑲嵌理論被提出後，即有許多社會學者及管理學者開始探討信任在商業行為中的價值，並研究人與人之間如何產生信任。信任有兩層意義：1. 信任是一種預期的意念，即交易伙伴對我們而言，是值得信賴(trustworthiness)的信念或預期，此預期狀況的產生是交易經驗的累積，可能是因為對方所表現出的專業素養、可靠性或意圖(intentionality)，所反映出的一種心理情境；2. 信任是自己所表現出的行為傾向或實際行為，來展現自己的利益是依靠在交易伙伴的未來行為表現上。總之，信任是一種相互性的行為，一方表現出值得信賴的特質，而另一方則表現出信任他的行為來。

　　在探討信任的形式、信任的形成與信任的範圍等議題上，學者根據不同的觀點也提出許多不同的看法。在探討信任的類型之前，我們先說明人類信任別人之前的兩項基本程序：一是認知(cognition)，二是情感(affection)。認知的程序乃是經過深思熟慮的步驟，強調實務面的成本分析，亦即我們認為對方在

哪方面或哪些條件下是值得信賴的，都能有充分且可說服的好理由（good reason）。而情感的程序則是屬於心理層面的感情束縛（emotional bonds），強調誠心的對待與相處，並關心對方的福祉。學者Lewis和Weigert即以此為理論基礎，將信任區分為以認知為基礎的的信任與以情感為基礎的信任。

Lewicki和Bunker以Shapiro等人所提出的三種信任類型為基礎，也提出了和Madlok十分類似的卻更完整的理論，他們將信任區分成三種類型，並認為隨著交往期間的增加，逐漸會從以計算為基礎的信任，演變到以知識為基礎的信任，再演變到以認同為基礎的信任。

（一）以計算為基礎的信任（calculus-based trust）

接近於Shapiro等人所提的以嚇阻為基礎的信任（deterrence-based trust）。Shapiro等人認為，個人或群體相信對方會言行合一，乃是相信對方會害怕不這麼做的話，對其利益會造成不良影響。而信任得以維持的原因，也是相信此嚇阻（懲罰）的力量是明確的、可行的，而且一旦違反即可立即執行。在此情況下，產生信任行為的誘因乃在於嚇阻的威脅，而非報酬的承諾，這是以嚇阻為基礎的信任之基本要素。

（二）以知識為基礎的信任（knowledge-based trust）

此信任乃建立在對別人行為表現的預測能力上，其取決於擁有資訊的能力而非嚇阻的能力。我們對交易伙伴的相關資訊了解越多，對其行為表現的預測能力越佳。

(三)以認同為基礎的信任(identification-based trust)

此信任的發展是達到將對方的欲望與意圖納入本身的未來行為準則。在此階段,自己可以有效的了解、同意並支持對方的要求,因此本身願意為對方著想,對方的權利可受到完全的保護,而對方也相信你會善盡應有的義務。

札克(Zucker)則提出另外三種可以產生信任關係的方式,其中前兩項與Lewicki和Bunker的理論十分類似,但他更提出了以制度為基礎的信任(institutional-based trust):即信任的形成是建構在正式的機構上,其首要的前提是將「局部生產」的信任加以重整,而形成一種放諸四海皆準的原則與作法。舉例而言,許多合法的契約均有標準格式,不管參與者的背景特徵或聲譽為何,都一體適用(除了因應特殊狀況而加進某些但書以外)。這個機構有兩種形式:一是特定對象的機構,其取決於個人或廠商所屬的組織或其特定的象徵上,而此象徵須具有公認的一定專業形象。此專業化的形象是足以提供社會大眾建立其信任的信號,比如說公司欲取得營運所需的資金,可能需要通過財務方面的信用評等機構之考核,在證券交易市場中,經紀商或分析師需要取得相關的執照,企業管理市場中的MBA等,這些擁有專業機構所頒發的證書,都可以視為可信的對象。有些時候這些信號還可以加以區別,比如不同國家的執照或不同學校出身的MBA等,這些信號是可以購買的,比如透過教育、加入特定團體成為會員,或是取得相關認證(如ISO系列等);二是媒介機構,這些機構可提供交易上某些程度的保障,比如政府

機構、司法機構或金融保險機構等。在有些交易可能無法如期
完成，或無法產生預期的報酬時，於合法的程序下，透過媒介
機構的保證，可使交易雙方的權益獲得某些程度上的保障，而
使交易得以順利進行。比如說某廠商運送一批貨品並加以保
險，則透過此保險的信號，讓對方感到自身的財產是受到保護，
而覺得該廠商是負責任的，如此一來，遂有助於彼此信任關係
的建立，而保險公司則為此媒介機構。這些信號亦是可購買的。

　　管諾維特則指出信任多多少少要有一定的冒險，也就是經
濟學者Humphrey和Schmitz所說的：「一個人表現出信任的行為
時，即將他自己暴露在他人投機行為的風險中，不過他卻有理
由相信對方不會對此機會加以應用。」換句話說，如果我有權
力或社會有制度阻止對方的投機行為，投機行為一定不會發
生，在狹義定義的信任中，這就算不得信任。所以信任應該只
包括以認識為基礎或以認同為基礎的信任。但廣義定義的信任
也可以包括以計算為基礎及以制度為基礎的信任，其中以制度
為基礎的信任尤其重要，因為它帶給整個社會更高的社會資
本，這些主張牽扯上了社會資本理論的許多討論，下面就讓我
們來看看社會資本理論吧！

三、重要概念

　　人們總是覺得「關係用時方恨少」，所以許多人喜歡炒短
線，用到哪裡，建到哪裡，急急忙忙巴結送禮，但是要知道，
好的關係要長期去維護才建得起來，下文「四、關係管理高手

要有切斷關係的智慧」就要說明，臨時抱佛腳建立的關係後遺症極多。所以懂關係管理的人，一定是在關鍵點還沒顯出其重要性之前，就預先看清形勢，在未來可能的重要位置上廣布自己的人脈，到了關鍵時刻，這條人脈自然發揮功能，而不是發覺關鍵點十分重要了，才急吼吼地想建關係，那就為時晚矣！

所以關係管理高手一定要在自己的人生規畫上，在大勢未成之際，就能清楚地審勢度形，早做規畫，並預留關鍵人脈，且長期維護這些關係，一旦形勢一成，這些關係便會蔚為大用。長期維護關係，平時廣布人脈，靠的是EQ，因此關係管理高手在取得與關鍵點的關係上，仰賴EQ。

(一)高EQ ──「真心誠意」的重要性

為什麼要強調「真心誠意」的重要性？因為有些「投機政客」知道要運用關係管理，但卻誤用或濫用了，犯了高關係管理低EQ的毛病，就如同《人際網路》一書的作者Donna Fisher和Sandy Vilas所指出，一般而言，這些人常有以下這些特色：

1. 他們喜歡蒐集名片，但卻從未真正跟這些人建立私誼。
2. 他們喜歡把握每一次機會來做生意，甚至在婚喪喜慶的宴會上也不放過；無論是交情淺到什麼程度都不避諱，即使剛認識對方也無所謂。
3. 他們與人交談時，只關心與自己有關的事情；別人的情況和心情，這些人並不想知道。所以這些人可以為了達到某種目的，結識一堆「棄之可惜」的虛情假意之交。
4. 對他們而言，利用對方是交朋友的唯一好處；在他們的

字典裡，是沒有「友誼」這兩個字可言的。

這些人殊不知關係管理的基礎是建立在EQ上的，也就是說，關係管理的前三項能力——了解資源流通的管道，並培養系統性的思考，進而能分析網絡以創造有利的競爭位置——都是可以立即學習、立即操作的智能，但是找到有利競爭位置的關鍵點後，要如何與關鍵點建立關係？這些技巧卻需要EQ的基礎才能長期運用。

如同「水能載舟，亦能覆舟」的道理一樣，Donna Fisher和Sandy Vilas強調，人脈可以助我們一臂之力，但也可把我們拉下馬來，倘若你曾有這種遭到背叛的不愉快經驗，先別怪別人負心，自己也自省一下，很可能是因為你誤用或濫用了人脈這項可貴的資源。

(二)相互信任的心理建設

1. 認識自己

> 一個好勇鬥狠的武士向一個老禪師詢問天堂與地獄的意義，老禪師輕蔑地說：「你不過是個粗鄙的人，我沒有時間跟這種人論道。」
> 武士惱羞成怒，拔劍大吼：「老漢無禮，看我一劍殺死你。」
> 禪師緩緩道：「這就是地獄。」
> 武士恍然大悟，心平氣和納劍入鞘，鞠躬感謝禪師指點。

禪師道：「這就是天堂。」

　　這是*EQ*的作者高曼（Daniel Coleman），在*EQ*的第一個能力「認識自己」中說的日本的古老傳說，強調武士的頓悟說明了人在情緒激昂時往往並不自知，蘇格拉底（Socrate）的名言「認識自己」，所指的便是在激昂的當刻要掌握自己的情感，而這也是最重要的一種EQ。將此應用在人脈上面，對於想要成為一個關係管理高手的人而言，第一步就必須先確認你的價值。覺得很抽象嗎？何謂價值觀？想想看，你比較欣賞什麼樣的人物？他們是哪一點吸引了你？這裡有一些例子可以供你參考：

1. 富有冒險精神，常存感恩的心，面貌出類拔萃，談吐充滿自信。
2. 極為善體人意，非常樂於助人，具有自省能力，想像力特別強。
3. 勇於發掘真相，不喜受到羈絆，散發歡樂氣氛，人品有口皆碑。
4. 談吐幽默風趣，個性獨立自主，親和力特別強，個性樂觀進取。
5. 做事井然有序，作風平和穩健，非常尊重他人，修養功夫一流。

　　了解這些特質，找出那些令自己心動的特質。也許有些特質我們並不具備，但卻嚮往已久。透過認知自己的價值觀之後，了解你和別人連結在一起的基礎，並藉此「認識自己」的方式

來認知自己與人互動的情緒。

　　為什麼研究這個呢？就在於很多人窮畢生之力成就了一些事業，自己卻得不到絲毫的成就感。關鍵就在於價值觀的不明確，不知道何時該控制自己的情緒，何時應該凸顯自己的情緒，因此常常只是存活在別人的掌聲之中，卻得不到自己的認同。如果我們明瞭所擬定的每一個奮鬥目標都有明確的價值觀為其依歸，自然就容易衍生一股強勁的衝力，會更清楚自己想要些什麼，以及該秉持何種原則來建立你的人脈。

　　《人際網路》一書進一步說明，在明瞭自己的人生目標後，進而要了解自己的長處，如果你不曉得自己有哪些長才，別人就不會知道要如何與你合作，最大的輸家會是你自己，因為你錯失了許多建立人脈的機會。認識自己的目的，就在於使你重新定位自己，讓你明白自己在建立人脈時有哪些不錯的籌碼。教學相長，幫助別人時，也會提升一己的技能，還爭取到一位可貴的盟友，可謂一舉兩得，不是嗎？如果認為自己混得太差了，彷彿見不得人，自然就不會藉著幫助別人來廣布人脈。解鈴還需繫鈴人，唯有先走出自我封閉的象牙塔，肯定自己對社會的貢獻，你的關係管理才能獲得突破。

2. 術業有專攻，一切靠分工

　　貞觀21年，李世民登翠微宮，問左右侍從臣屬說：「自古以來的君王，即令可以平定戰亂，統一中國，但不能制服蠻族，我的才能不如古人，而成果超過古人，連我

自己都不知道什麼緣故,請各位隨意發言,告訴我實情。」文武百官一致說:「陛下的功勞恩德,如同天一樣高、地一樣厚,萬物渺小,無法讚美!」

李世民說:「不然。我所以能辦到古代君王都辦不到的事,原因有五:一是,古代君王對比自己能幹的人,總是嫉妒,我發現別人的長處,好像發現自己的長處。二是,人的行為和能力不可能十全十美,我總是忘記別人的缺點,欣賞別人的優點。三是,政治領袖往往有一種毛病,引進賢才時幾乎把他抱到懷裡,懲處惡劣幹部時幾乎恨不得把他丟到山溝,我看到賢才時對他敬重,看到惡劣幹部則充滿憐惜,優秀的和惡劣的都得到適當的位置。四是,政治領袖對正直的行為和言論都很厭惡,有時公開誅殺,有時暗下毒手,這種情形沒有一個世代沒有,我自登極以來,正直的幹部肩並肩在政府任職,沒有斥退或責備一個人。五是,自古以來的政治領袖,都是大漢族沙文主義,輕視蠻族,只有我對漢人和蠻人同等看待,所以蠻族部落依靠我如同依靠父母。這五項是我今天有這樣成就的原因。」

關係管理的第一大能力就是要認清什麼樣的人有什麼樣的資源,而上述的故事也希望讀者了解自己有什麼資源,需要別人什麼樣的幫助,然後基於相知互惠的原則,將這些化為「共用資源」。關係管理最大的敵人,就是「天縱英明」的人看不到別人的長處,所以沒有真心誠意與別人交換資源的需要。

如同《人際網路》的作者強調，由於每個人都有不同的資源與專長，因此你固然不應吝於對他人伸出援手，但也沒有必要一切自己來。術業有專攻，一切靠分工，要冷靜評估一己的資源並非易事，知道自己的優點也知道自己的缺點，找到可以補足自己缺點的人，是真心誠意合作的開始。有些人因為專業太內行了，常常忽略了這些專長正是他們在建立人脈時的利器，比如一個電腦玩家，無論碰到什麼硬軟體的問題都能輕輕鬆鬆的去解，根本不當它是一回事，但同樣的問題發生在一個門外漢的身上，可就會把他給害慘了。體諒他的缺點，幫助他，再找到他的優點，做一次交換，不是很好嗎？一味罵人笨以炫耀自己，或看輕自己的強處，都是關係管理的大敵。

天下人不都是傻瓜，但很不幸的，總有一些以為天下人都是傻瓜的聰明人，這些都是EQ零分的人。

3.互信互惠中創造雙贏

任何合作要有兩項條件：第一就是互信，第二是互惠。與人論交要不抱目的，才好建立互信，有了互信才可能談合作，但一旦合作開始，一定要利益均霑，分配公平，憑著交情占朋友的便宜，最後連互信都會破壞，沒有下一次合作。

互信——我們強調是來自於長期而善意的互動，不能炒短線，臨時抱佛腳而建立。至於互惠，有一個很重要的因素，就是要懂得吃虧就是占便宜的道理，這是老生常談了，但我們卻很難做到，因為我們總覺得自己吃虧了，一點好處都沒占到。但是一定要相信，一個人總是看到自己的地方多，看到別人的

地方少。我們跟人家合作的時候，明明工作是五五分帳，但我們通常會覺得自己做的多，因為我們看不到別人在做什麼，也看不見別人的辛苦。於是我們總覺得自己做了六，別人只做四。這個情況下，沒有明確好處時，反而還能精誠工作，但一旦有好處時，就有分配不均的情況，造成一拍兩散。我自覺做了六，卻吃一點虧，大家五五分帳(實際上工作也可能是五五分的)，大家都覺得公平，合作才會愉快。

所以說合作之時要懂得吃點虧，這樣合作才容易繼續，才有雙贏的機會。這個部分，看重的也是情緒管理。所以我們說，一個關係管理高手一定是個EQ高手。

四、關係管理高手要有切斷關係的智慧

一個真正關係管理高手，必須先打破搞關係的迷思，這是很重要但又很弔詭的一個道理：「喜歡搞關係的人永遠搞不好關係」。中國人有句智慧之言，叫作「危邦不入，亂邦不居」，一個有智慧的人在必要時寧可切掉一大片關係，也要逃離是非之圈、喪亂之地，就是為了保持自身的原則，如此才能贏得長期的信任。

中國人就是太愛搞關係，以致關係管理搞不好，一個團體裡一定是人情濃得不得了，但也鬥爭多得不得了。進到一個中國人的公司，馬上有人來巴結你，當你還有一點資源、一點權力時，馬上一票人過來展現友誼，看似溫情滿人間，但很快地你就會被歸為張經理派或李經理派，於是同派的就對你很好，

而另一派的人就開始疏離你，這種情形常常在一般公司中發現，在中國人所謂的人情社會裡更是如此，甚至我們的教育常常告訴我們要搞關係、做人情，但搞到後來，中國人的關係管理最差。

中國人為什麼給人關係管理做不好的印象？就是因為搞錯了關係。談到這裡似乎有種矛盾，在之前我們談了許多關係的正面功能，如弱連帶的廣布機會、傳播訊息與交換知識，以及強連帶的信任、合作與發揮影響力，但我們又說搞關係是件不好的事，常常搞關係搞到鈎心鬥角。究其實，這裡所謂的搞關係，是指中國人喜歡搞的短線的、工具性質的關係，而我們卻又希望把這種因臨時有用才找來的關係變成有情感的強連帶，形成小團體，好走後門，弄特權，忽略了這種短線的工具性關係根本無法帶來信任。

為什麼？

1. 搞短線關係都是有特殊目的，凡事以利始，難以義終；在建立關係的一開始就喜歡搞後門走黑路，已經把人性醜露的一面展現給對方看，如果大家可以在一起騙外人，為什麼不會互相欺騙？雙方的誠信受到破壞，所以很難再相互信任。

2. 我在第三章中曾經提過黃光國所說的三種關係，其研究發現，工具性關係很難發展成混合性關係，而情感性關係則很容易發展成混合性關係，主要在於合作關係之中信任是非常重要的，工具性關係一開始就有利益糾葛，所以很難培養這種信任。但是中國人卻不信自己手段不

夠高，一有需求，就送禮呀、吃呀、喝呀，晚上一起花天酒地，以為這樣可以在工具性關係之內加入情感成分，殊不知加入的只是酒肉朋友。

3. 這樣子的一套關係，會破壞個人的整體關係網絡。不但這個你要討好的人的關係不一定得到，反而會讓其他人知道你喜歡搞小圈圈，為了新歡得罪舊交，減少了你的弱連帶，還歸類你是某某人的人馬，被分了派系，使得你的關係網絡無法擴大，原來許多弱連帶的優點反而都得不到。這就是我所指的，越是喜歡搞關係的，往往最後關係管理最失敗。記得，你巴結新歡所用的功夫越深，就越不可能公平地對待舊交，你的舊交也越快越遠地背離你。

4. 有時因為功夫下得深，真的達到了短線目的，真的找到了該要的關係，也真的把關係建立起來，但是長久來看，這種關係卻不是穩定的。在晚上一攤又一攤的狂歡酒肉中建立的關係，在共謀特權、派分利益中建立的關係，得到的是互握把柄，恐怖平衡，而不是開誠布公，坦白信任。這種合作關係會因為利益共同體而持續一時，但一如「囚犯困境」理論中所論述的，只要一個囚犯有可能吐出其他共犯而脫罪，大家就爭相出賣別人，以求保護自己，這種關係網絡十分脆弱，容易一夕崩解。

搞關係是建不了強連帶的，強連帶的好處就是信任，但如果為了一個目的才去建立關係，常常信任是很難獲得的，短期

可能有效，但長期就會無用，所以強連帶往往來自於長期善意、頻繁的互動，換句話說，這裡的善意就是來自你的同情心、同理心，能夠聆聽別人的想法，理解別人的心情，讓別人覺得你很體貼。這就是平常EQ很好，長期累積起來的信任。除了同情心和同理心外，社交技巧也很重要，不亂講話、不債事等等，有此善意，別人很願意與你互動，這樣強連帶關係才維持得住，臨時吃飯喝酒是不會有此效果的。

真正的關係管理，其基礎是奠基在信任上，所以一個關係管理高手，通常也是個建立信任的高手，他不會炒短線，為了特殊目的才開始不擇手段地拉攏強連帶，更不會到了要用時才開始找關係，而會以其洞燭機先的眼光（也就是關係管理能力前三項的運用），預先布好人脈，並以良好信譽維護這些人脈。

五、關係管理高手會變信任而為口碑

除了強連帶之外，另一個信任來源，就是個人聲譽，當你的弱連帶很廣，人人又都說你是誠實可靠的時候，一傳十、十傳百，變成一種聲譽，即使一個弱連帶關係的朋友，沒有很強的互動，沒有長期的交往，他還是會相信你，仍然是合作的良好基礎。聲譽的價值是不凡的，一個有聲譽的人不需要投資大量時間、資源去一條一條地建立強連帶，而是弱連帶所及，大家都想找你合作，如水之就下，萬水歸一，這時不再是你去找資源，而是資源自動來找你。

弱連帶所帶來的好處是訊息，我們都知道弱連帶是越廣越

好，但要想有廣的弱連帶，靠的不是到處想辦法拉關係的念頭，而是平常對人好，有同情心、同理心、很率真、很誠懇、很親和，不知不覺中，大家都很樂意親近你，就會認識很多人，也留給人家一個很好的印象，關係管理高手廣布弱連帶，一舉手、一投足，日常生活之中，弱連帶人脈網絡就建立起來了。弱連帶就是不立即知道這個人對我有什麼好處，甚至可能只是間接關係，但基於別人對你的好感，就把機會告訴你，幫你做中介，中國人有時說「傻人有傻福」，傻福可能是在完全不知情下，出現貴人相助，而傻人展現出的人格、誠實、同情心、同理心，正是吸引貴人的原因。這些有賴於良好的EQ，一個EQ不高的人，每天處心積慮地找關係、建關係，這樣建起的人脈一定不廣，而且外人也對這種人印象不好，根本無法建立口碑。

聲譽還有一個極大的價值，就是可以得到「結構洞」理論中「得利第三者」的操控利益。結合結構洞（structural hole）與齊末爾連帶（Simmelian Tie）兩個理論，就可以了解到，結構洞理論中講到的得利第三者具有操控的利益，這是極大的利益，但操控兩個對立的團體一定要得到雙方的信任，如果信任來自於這第三者與兩個團體都有很好的關係，則會發生齊末爾連帶的兩難現象。所以第三者又要與雙方保持一定的距離，又要獲得雙方的信任，這信任很少來自強連帶的關係，而往往來自於信譽，取得大家的信任（當然聲譽有時也來自制度、意識形態或家族遺傳賦予這第三者天生的好社會位置）。

但是建立聲譽卻是極難的事，只有高EQ是不夠的，大家對一個人能力上的信任有賴他兢兢業業、認真負責數十載，對其

品格上的信任有賴他誠實無欺、坦白公開，而且公平公正，堅守原則，不會偏待，一旦他所堅守的原則深植人心，其聲譽自然不脛而走。所以一個建立聲譽的關係管理高手，必要時要因為原則而犧牲關係，一個人要累積多少堅持才能造就風格？要堅守多久風格才能帶來聲譽？聲譽得之不易啊！

　　趙耀東當年榮升經濟部長時，只帶了一位主祕到任，而不帶一隊親信，這與中國社會裡領袖喜歡建立班底、拉攏親信的習慣完全相背，人們不解，趙耀東卻說，有了一隊親信，人家會說這些人是「國王人馬」，分了你我，我不帶一人，整個部會的員工就都是我的人馬了。此誠為善於關係管理者的智慧之言，公平、公正、誠懇、透明地對待屬下，是建立原則、杜絕倖進之輩的不二良方。

　　一個關係管理高手，一定不會覺得這關係有用才去找關係，關係沒用就棄之若敝屣，而是隨時隨地在建立關係，能夠有長期互動機會的就建成強連帶，沒這樣機會的就保持良好印象，成為弱連帶，也就是關係管理高手平常的一言一行之間，關係就建立起來了，這樣，弱連帶人脈才會廣闊，強連帶信任才會持久。

六、關係管理實戰──長期布建關鍵點

　　從先前名片管理的技巧，可以培養知道資源流通的管道，進而分析認知網絡的能力，以建立系統性思考，這裡我們要讀者以個人為中心，整合先前兩個技巧，分析自我整體網絡，了

解本身較缺乏的資源，進而找出策略點，並長期經營。以下為分析的三大步驟。

步驟一：首先記錄目前和你互動的人，你們交換哪些資源，這樣的資料最好至少蒐集一個月以上，當然蒐集的時間越久，越可以分析出複雜的情況。一邊蒐集，一邊將蒐集的資料畫成網絡圖。其中，可以用不同點的形狀和大小來表示資源的種類和多寡，而線的不同則代表雙方的關係種類和強度。甚至針對這些資源進行不同產業和行業的分類。

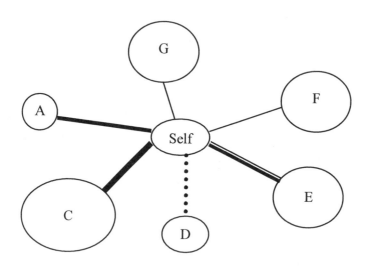

圖6-1 畫出自己的網絡圖（粗線的強連帶，細線為弱連帶，虛線為需要建立的連帶，節點中註明產業或行業的不同，以及擁有何種資源）

　　步驟二：配合本身的生涯規畫和發展，思考你所需要的資源是否可以在你的第一層網絡獲得，如果不行，則進一步思考，在你的網絡中，有誰可以接觸到你要的資源。此外，更進一步蒐集並畫出這群人之間的網絡關係，以利系統性的思考判斷。

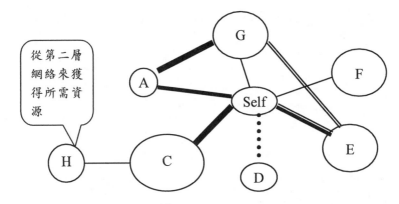

圖6-2　畫出自己所需第二層關係的網絡圖

　　步驟三：判斷何種情況何種資源需要建立什麼樣的策略點，並思考長期發展，應該建立什麼關係，以為長期做準備。

第七章
總體關係管理

一、知古鑑今──中國人的關係管理智慧

馬謖是一位非常有才幹、有氣度、喜歡談論軍事的人。他和諸葛亮的交情很好,兩人經常一談就是一個晚上。諸葛亮攻打孟獲前,馬謖建議「用兵之道,攻心為上,攻城為下;心戰為上,兵戰為下」。後來諸葛亮果然用七擒七縱之法平服孟獲,因此能夠平定南蠻,馬謖的功勞可謂不小。

諸葛亮在平定南蠻後,積極整頓蜀國,以為北伐做準備,建興5年,魏文帝曹丕去世,明帝曹叡即位,魏國國勢不穩,諸葛亮認為此機不可失,毅然決定北伐。此時魏國派出司馬懿領軍出戰,司馬懿採取攻打漢中要道街亭,以斷蜀軍糧草之策。而諸葛亮則算準司馬懿一定會攻打街亭,便派馬謖、王平鎮守,並吩咐王平街亭是糧草要道,絕不能讓司馬懿奪去,不料馬謖自以為是,不聽調度,違背諸葛亮的指示,放棄水源和城壘,

竟在山上築營，結果曹魏右將軍張郃大軍抵達後，切斷水源，士兵因為沒水喝只好投降，此次北伐魏國，諸葛亮本已有萬全的部署，但因馬謖的孤意獨行，而功敗垂成。

事後諸葛亮立刻把馬謖逮捕下獄，蔣琬對諸葛亮說：「天下還沒有平定，先殺智囊豈不可惜。」諸葛亮流淚說：「孫武所以能夠無敵天下，在於執法公正嚴明。現在，四海分裂，戰爭不過剛剛開始，如果再不嚴格執行法紀，我們用什麼討伐盜賊？」

諸葛亮不僅斬了馬謖，而且還堅持要處罰自己，因為馬謖是他用的，他有責任，後來後主劉禪只好把諸葛亮降為右將軍。將士們都為諸葛亮守法的精神所感動。後來李嚴因罪被罰，貶官蠻荒，不但沒有心懷怨恨，當諸葛亮死去的時候，反而大哭說：「我改過自新就是希望丞相看見，如今我再也沒有指望了」。這也就是我們稱讚諸葛亮為什麼能那麼成功地管理整個國家，是因為人人稱他「鏡子至平」，他能夠一平如鏡，讓每一個人在諸葛亮的判決中，都看到他自己真實的影子，犯錯了就得到應得的懲罰，做對了就可以得到應得的賞賜，所以人心才服。這樣的精神對於蜀國日後的管理有莫大的影響，使得原先被稱為蠻荒之地的四川，變得守法有序。這也就是關係管理五大能力之五的總體關係管理，強調除了前四項關係管理個人的修鍊外，進而形成一種團體文化，更能發揮關係管理的總體效能。

關係管理的前四個能力主要都是以個人為出發點，思考個人如何透過關係管理取得利益，然而，個人利益的取得並不能保證總體利益的取得，甚至在某些情況下，會使總體利益受到

極大的損失，例如，一個社會人人都互信和互惠，可以在人際合作中降低極大的交易成本，然而信任和互惠若集中在各自的小團體內，並且以此相互對抗，則損失難以估計，社會學家稱這種現象爲「巴爾幹化」，也就像巴爾幹半島一樣，天天內戰，當集團各自的內部信任越強，外部互信越弱時，雙方的戰爭就越激烈。

二、理論基礎——巨觀社會資本理論

巨觀社會資本的理論架構爲一代社會學大師科曼（Coleman 旣是網絡理論的開路先鋒之一，也是另一大學派理性選擇理論的開山祖師）所提出，他認爲社會資本存在於人際關係之中，因爲人與人間有一些特別的信任與善意，而產生資源交換或互助合作的行爲，可以幫助一個人達成其生產性的目的，有利於個人特定目標的達成。社會資本不同於人力資本，不是一個人獨力可以獲得的，它爲兩人或多人所共有，只有此一關係或關係網穩定而長期的存在，社會資本才會存在，所以它是一種共公財。不過科曼的觀點太強調社會資本的功能性，正如他所說：「社會資本是生產性的，使得有些目的有可能實現，少了它則不可能實現。」這樣定義，使得社會資本必須要有一定的功用，而把社會資本的成因和社會結果混淆不清了。實際上，科曼並未對社會資本做清楚的分類，但他的研究卻引發了學界對社會資本理論的廣泛注意。

福特・布朗（Ford Brown）把社會資本分成三類，分別是微觀

社會資本（micro-level social capital），中觀社會資本（meso-level social capital）以及巨觀社會資本（macro-level social capital）。微觀社會資本研究，基本上是所謂的「自我中心」網絡（ego-centered network），亦即個人的社會資本，一個人透過他的關係而取得有用的資源，在社會上做事、就業、升遷、與人合作、取得資源，因這類關係而幫助極大。中觀的社會資本指的是社會結構上個人因所占位置的不同，而有機會藉位置之便取得資源，此一理論主要是伯特提出，他便強調一個人因為占據了「橋」的位置，而能在訊息取得及操控形勢上取得優勢。巨觀的社會資本是指一個團體、公司、社會或國家中的成員，因為互信與善意而能產生合作的行為，帶來一加一大於二的總體績效，整個團體因而受益。邊燕杰也有非常類似的分法，他分社會資本為網絡資源研究（network-resource approach）、網絡結構研究（network-structure approach）以及網絡成員研究（network-membership approach），分別相呼應於微觀、中觀及巨觀三個層次的社會資本。

我們在第三章討論「知道資源流通的管道」時，曾提到管諾維特的「弱連帶優勢理論」以及魁克哈特的「強連帶優勢理論」，都是分析微觀社會資本的代表性理論。另外，中央研究院院士林南做了相當多的相關研究，他強調關鍵資源的通路（access）是個人重要的社會資本，尤其是與擁有較多資源的人，如社會上流階級，取得關係，可以累積個人社會資本。比如他對奧爾巴尼（Albany）地區就業市場的調查就指出，擁有較多關係的人在就業上比較容易，而且越找越好，如果有關係通路通向關鍵的資源，對一個人在職場上的成就尤其有利。

　　至於中觀社會資本，本書第五章探討到伯特提出的「結構洞」理論，讓人認識到占據一個關係網絡的關鍵位置，也可以創造出社會資本，有利一個人取得關鍵資源，達成目的。一般來講，它的來源主要有二：

1. 網絡中心點（centrality）：一個網絡中與別人發生關係最多的人，常常是整個團體的領袖，可以動員整個團體的資源。集中一處的密集關係，可以成為結構性的社會資本，為個人帶來一加一大於二的資源。

2. 網絡中介點（betweenness）：這正是伯特所說的結構洞間的「橋」，可以取得訊息利益及操控利益，因此此一結構位置成為個人的社會資本。

　　但是個人努力建立自己的關係，不一定會對整個關係網絡或整個公司及社會帶來好處，剛好相反，本書第六章曾探討，在中國社會的實際範例中，這會帶來反效果。這個社會資本的來源與個人層次完全不一樣，它指涉的是「人得以整合行動，來達成既定目標的規範，以及鑲嵌於社會結構中的社會關係」（世界銀行的定義）。換言之，就是一個團體的成員因為他們之間的關係十分和諧，相互信任而充滿善意，所以產生成員間的合作行為，整個群體有了一加一大於二的集體力量，而使整個群體得到好處。是什麼因素會讓一個大團體內的人相互信任，樂於合作，以協力完成共同目標呢？幾個理論值得一述。

　　首先是制度、法律的力量，如上所述的札克就強調，制度可以帶來大家相互的信任，社會學家伊斯特斯也在研究中發

現，一個規範比較嚴明的團體，其成員協力合作的能力遠遠高
於一個規範鬆散的團體。不是嗎？在一個大家不守法的環境
中，往往誰都不相信誰，合作活動中被騙的機率也高很多，「人
得以整合行動來達成既定目標」的機會也少很多。

　　法蘭西斯・福山在其名著《誠信》（*Trust*）中指出，社會資
本經常由文化力量產生，包括了宗教、傳統、歷史習慣以及道
德機制，他論述一個強調普遍道德的文化，如英、美等國，人
與較不熟的人合作的可能性就大，所以合作的範圍大、人數多，
而一個強調道德標準因人際關係遠近而不一的文化，如中國、
義大利，則合作限於小圈圈有關係的一群人中，合作的範圍小，
人數也少。誠哉福山之言，中國人少了李國鼎先生所說的第六
倫──也就是對陌生人的倫理，在關係管理上有極大的障礙，這
些在第六章中也有所討論。

　　探討巨觀層次社會資本最有名的，莫過於普特南(Putnam，
也可以說是此一概念的創始人)，他強調，社會資本來自於人民
自發結社的行為以及公民參與的熱忱，所以他以為一個社會(或
公司)中社會資本多寡的指標，可以從自發性社團的多少，成員
是否參加公共服務，以及是否有公民意識看出來。

三、重要概念──人際網絡崩解如何發生？

　　「巴爾幹化」說明的就是，一群人各人關係管理都做得很
好，但團體的關係管理卻很差的情況。一如本章所討論的系統
崩解，在關係建構中一些負面因子未得到控制，短線上，關係

會爲個人帶來好處，但整體無效率的問題卻會不斷累積，到了臨界點，一夕之間，整體關係網絡就會崩解，成爲「巴爾幹化」。

那麼，哪些是這種個人建構關係網時的負面因子呢？在本章第二節社會資本理論中，就有學者談及，影響巨觀層次社會資本的因素有誠信的社會文化，法律制度的建立，以及積極的社會參與。換言之，一個人在建構自己個人的社會資本中，如果不誠信、不守法以及破壞大家的熱心公益，不但他的良好關係網無法促進社會上人們更多的互信與合作，而且會使人際關係網絡系統崩解，剛開始，社會不會察覺有什麼不好，但一夕之間，人人猜疑，社會功能崩潰。

下面就讓我們來探討一下，這些人際交往行爲中傷害總體社會資本的因素：

(一)炒短線而不講誠信

強連帶關係的正面功能在於產生信任，促成合作，但一如第六章中所談的，炒短線的搞關係行爲一時間可以建立關係，促成合作，然而，卻無法建立信任，長期而穩定的關係亦無以維持，留下隨時崩解的種子。所以爲了特殊目的，尤其是爲了特權的目的去找關係，巴結人，對個人或許收效於一時，但對長期、對整體，卻埋下了不穩定的因子。

1991年諾貝爾經濟學獎得主Ronald H. Coase及1994年得主John F. Nash，創立一個交易成本理論。他們提出了在人與人交易之中，會有交易成本出現的說法。如買電腦時，要花時間了解電腦的功能價格等等，此爲尋找資訊的過程，會花許多成本，

而交易時，也會花許多成本防止機會主義（opportunism），亦即防制被欺，此成本很可怕，尤其是公司與公司之間的交易，常涉及較大的金額，因而若有欺詐行為出現時，就會造成很大損失。很多公司在做交易時，要簽合約，一旦簽了合約，發生欺詐，就上法院解決。美國每年國民生產毛額中，有很大的比例花在律師或司法制度上，都是為了防止欺詐，造成很大的交易成本，但這當中，又有許多情況是無法利用合約、法律程序來解決的欺詐行為。

台灣的一些研究報告也有十分明顯的例子。信任的強弱會高度的影響商業行為的模式，像是合夥開一家公司所需的信任關係就很強，通常做得很成功的都是利用還沒有利益糾葛前就有的關係，如親友關係、同學關係等，由日常生活的過程中了解他真實的一面，長期而善意的互動才能累積信任。由工具性關係開始的，後來往往不歡而散為多。做長期外包商或商場策略伙伴，也需要一定的信任關係，雖然不用像合夥人那麼強，但也一定是在一段長時間的互動中，相互誠信、相互滿意，才漸漸建立起信任。我們常說「做生意先學做人」，就是這個道理。

資訊時代裡的資訊化組織中，誠實尤其重要，因為資訊透明化是資訊有效傳遞的基石，唯有如此，才能發揮資訊科技在組織再造中的強大威力。溝通資訊化絕非有了網路、網站、電子郵件、intranet、extranet等等軟硬體設備，就可以自然做到，配合硬體的，還有公司文化，其中除了資訊化教育訓練外，更重要的是表意明確、透明而誠實的組織文化。哪些組織文化可

以促進溝通資訊化？誠實的組織文化實為第一要務。溝通資訊化的第一個大敵就是傳訊雙方對資訊信心不足，一如CMC(電腦中介溝通，Computer Mediated Communication)理論中情境模仿理論，以及如哈佛大學商學院教授Eccles和Nohria所言，一個對方身分認證不清、資料可信度不夠或互動者相互信心不足的情況下，一項訊息是很不適合用CMC去傳遞的。這時空有各項電腦傳媒工具，員工仍然要用面對面交通的方式來去除心中疑慮，釐清模糊訊息，對改善資訊傳播的效率並無太大幫助，自然也無法增加遠距管理的效能。

　　因此在溝通資訊化之前，一項重要的組織文化改造，就是增加資訊的共通性、可信性，也要增加人與人之間的相互信任，唯有如此，才會使大多數的工作不至於動輒有模糊的訊息及不可信任的情境發生，而增加了遠距管理的困難。這就是為什麼第一個成功的組織再造工程中，奇異公司的執行長傑克・威爾許會接受彼得・杜拉克的建議，在再造工程開始之前，先改造組織文化，並推動誠實運動。因為唯有在一個誠實的環境中，員工才會對CMC所傳的訊息抱持信心，對CMC互動的對方敢於信任，減少很多認證的時間，讓CMC傳遞訊息發揮最高的效率。

(二)為了自己人而喪失公平

　　中國自古以來的領導人最喜歡用親信，培養班底，這樣建立起來的關係會促成別人也結成小圈圈以求自保，對總體來說，最容易帶來關係網絡不穩的因子，關係建得越多越密，內鬥內耗的總體無效率也累積益深。我們常常看到，如果領導對

一群人特別好，使得這群人常常圍繞在其身旁，其實他並不是
要疏遠別人，但別人就會說，那是某人的小圈圈，而自然地疏
遠開來。這就是因為沒有系統性思考，只把個人的身邊關係搞
得很好，卻讓不公平的作為傷害到長時間與外人的互動。

　　更嚴重的是，不公平、不公正的執法容易培養小人，如果
圍著領導的是一群小人，狐假虎威以謀特權（這是經常發生的，
要讓小圈圈中沒有阿諛奉承的小人，還真難），那麼總體關係管
理失敗也就更不言可喻了。

　　西元前527年，楚國的楚平王要為自己的兒子娶一門媳婦，
選中的姑娘在秦國，於是就派出一名叫費無忌的大夫前去迎
娶。費無忌看到姑娘長得極其漂亮，眼睛一轉，就開始在半途
上動腦筋了。他認為如此漂亮的姑娘應該獻給正當權的楚平
王。儘管太子娶親的事已經國人皆知，儘管迎娶的車隊已經逼
近國都，儘管楚宮裡的儀式已經準備妥當，費無忌還是騎了一
匹快馬搶先直奔王宮，對楚平王描述了秦國姑娘的美麗，說反
正太子此刻與這位姑娘尚未見面，大王何不先娶了她，以後再
為太子找一門好的呢？楚平王好色，被費無忌說動了心，但又
覺得事關國家社稷的形象和承傳，必須小心從事，就重重拜託
費無忌一手操辦。三下兩下，這位原想來做太子夫人的姑娘，
轉眼成了公公楚平王的妃子。說到這裡，讓我們先停一下，讀
者試著去想像這個故事會如何發展？想像一個領導者不注重總
體關係管理，導致小人迎合主人喜好之時，卻沒有其他人勸諫
的聲音會有什麼樣的後果？

　　想過之後，讓我們再回到歷史看下去。費無忌辦成了這件

事,既興奮又慌張。楚平王越來越寵信他了,這使他滿足,但靜心一想,在這件事情上受傷害最深的是太子,而太子是遲早會掌大權的,那今後的日子怎麼過呢?他開始在楚王耳邊遞送小語:「那件事情之後,太子對我恨之入骨,那倒罷了,我這麼個人也算不得什麼,問題是他對大王你也怨恨起來,萬望大王戒備。太子已握兵權,外有諸侯支持,內有他的老師伍奢幫著謀畫,說不定哪一天要兵變呢!」楚平王本來就覺得自己對兒子做了虧心事,兒子一定會有所動作,現在聽費無忌一說,心想果不出所料,立即下令殺死太子的老師伍奢和其長子伍尚,進而又要捕殺太子,太子和伍奢的次子伍子胥只得逃離楚國。後來伍子胥引來吳國兵馬,連年的兵火就把楚國包圍了。伍子胥則發誓要為父兄報仇,一再率吳兵伐楚,最後滅了楚國,並對楚平王鞭屍。

史蹟斑斑,一個小人的作為足以亡國,而何以致之?領導人自建小圈圈,不以公平法度待之,正是培養小人的溫床。本書第八章在探討領導問題時將指出,最可怕的問題就是領導人自陷小圈圈中,這會造成不公平、不公正,很容易產生派系鬥爭,領導人喜歡玩這種把戲,巴爾幹化的問題就會不斷出現。

(三)做好人、和稀泥、沒有原則

造成不公平、不公正的除了搞小圈圈外,還有就是鄉愿問題。孔子也說:「鄉愿,德之賊也」,因為鄉愿沒有原則,不講法律秩序,只是一味做好人,自己看到的、接觸到的人都一味示好,大家都說他好人,都想接近他,但整體的法律制度卻

會蕩然無存，也沒有公平公正可言，結果必是使一家人笑，卻使一街人哭(受那「一家人」欺凌，卻又挨不近鄉愿身邊的人只有哭)。

前秦苻堅最著名的就是打淝水之戰，那是中國歷史上最大的一場戰役，擁兵112萬的部隊南下，也是中國史上出動部隊人數最大的一次，當然後來苻堅很可憐，國家滅亡了，本身也沒有善終，可是他是一個真正的好人，被稱為苻堅大帝，是柏楊譯《資治通鑑》時非常推崇的一個人，這個人就是EQ高手，有愛心、有耐心，對老百姓好，是一個勤政愛民的好帝王，也會用屬下王猛，把一個小小國家，不但統一了北方，也治理得非常好。但他犯了一個大毛病，就是太有愛心了，在南下征東晉的時候，就犯了一個非常大的錯誤，他的姪子叛變，當然是想趁大軍南下、人心惶惶之際，藉機叛變，結果苻堅只有痛哭，將其貶官，卻置國家法令於不顧，這種情況，前後發生兩次，苻堅都不做處理。所以淝水之戰一敗，馬上土崩瓦解，因為大家都不怕叛變，所以那時淝水之戰前線才敗戰，後線都還沒動就潰散了。

我們經常只看到和某一個人之間的關係，對他有同情心，所以不忍，在乎與他的關係，所以矯情徇私，但這是婦人之仁，是一個沒有長線思考的人常犯的毛病。關係管理高手該狠的時候要狠，為了維持秩序與原則，該切斷關係時要能夠壯士斷腕，一味的高EQ，在管理整個團體的人際和諧上，有時是有害的。

鄉愿與小人問題正是中國人總體關係管理總是做不好的主因。這兩種人不一定是壞人，但一定做人沒有原則，做事玩忽

法律制度，前者與人為善，不擇手段，後者投主所好，亦不擇手段。宇文家三兄弟以奸佞取得隋煬帝的信任，並主掌羽林軍，最後又殺了煬帝，是隋朝亡國主凶之一。其中三弟宇文士及在隋亡後降於唐太宗。一日，太宗在御花園中看到一棵樹很美，為之讚嘆，士及在側，趕快發揮其佞臣本色，作詩頌詞歌頌其樹，太宗不高興的說：「我一直聽說身旁有奸臣，今日果然看見一個。」自此，士及學魏徵，竟成知名諫臣。上有所好，下必從之，士及跟煬帝就是佞臣，跟太宗就是諫臣，小人投主之所好，可以為善，亦可以為惡。

　　然而鄉愿與小人往往把是非模糊了，原則不見了，黑白都變成灰了，對總體關係管理的破壞卻極大。如前所述，巨觀的社會資本除了來自於人際關係外，也來自於法律制度，社會道德與公民參與，這是人們會相信其他人，樂於與人合作的信任基礎。但鄉愿與小人一攪和，有關係則沒關係，什麼都被允許，於是法律制度頹壞，社會道德蕩然，人們只參與小團體而不參與大社會，社會信任因此破壞無遺，社會想不巴爾幹化亦難矣！

　　法律制度、社會道德與公民參與是總體信任的主要來源，一個制度健全、人人守法、人民講究誠信、不虛偽權謀、又熱心助人、參與公共事務的社會裡，我們會比較信得過陌生人，社會因此人與人合作十分容易。反之，一個社會中人們只顧自己建立關係，而不重視法律制度、社會道德與公民參與，關係網絡建立時的負面因子就會帶來總體的無效率，人際網絡系統崩解是遲早的事。

四、關係管理個案

(一)B組織的訊息不通問題

　　B組織為一公家單位，新近因為人事有變遷的可能，而總有人傳言「誰會出任新官」、「誰會升遷」，這些消息往往在一群人中流傳，但偶爾又會流傳到所有組織成員的耳中，當事人馬上會否認，消息真假莫辨，長官也深受其擾，當事人更只有低調因應，深恐因為流言而影響了長官的決策。

　　我們發覺這類消息往往可用來探測長官態度，也可以用來形成員工共識，或用來改變長官的態度而阻斷某人升遷的機會，於是流通資訊或壟斷資訊成為頗有力的工具，足以使一個人立於有利的競爭位置，因此會有人刻意操作資訊流通，進而影響人們的決策，但流言四起帶來的權謀鬥爭，卻很不利於組織的總體效率。

　　我們因此針對此一管理問題做了關係網絡調查，發覺B組織B部門員工平均年齡在30到50歲之間，多數員工在同一部門的年資都在10年以上，相識已久。大多數人都已成家，下了班後也有不少活動，但主要限於自己小圈圈內的人。其情感網絡的分群現象十分明顯，52人分成七群，其中較大的群集有四個，三人小群則有三個。

　　繪出的網絡圖如下：

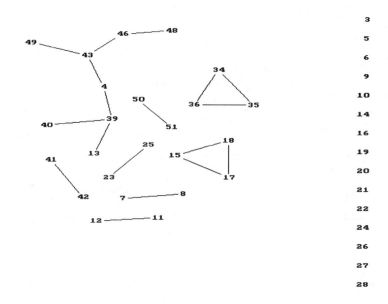

圖7-1　B組織B部門情感網絡圖

　　這種分群現象就反映在B組織B部門的情報網上，一些較敏感的情報比如誰想離職了，誰有可能升遷，部門員工會在小圈圈內互探消息，而不太會向部門主管或當事人求證。情報網絡中，除了因為4號及39號員工作為橋，把兩個較大的群集連結在一起外，其他的情報小圈圈基本上是與情感小圈圈吻合的。諮詢網絡在B組織B部門中也與情感群集重疊，其中12號員工作為橋，連結了兩個情感群集，13號員工也連結了兩個情感群集，但在工作諮詢上，此兩大群集卻不相溝通，另外，諮詢網絡的密度也不密，相當多的人與別的同仁沒有雙向溝通的管道，而

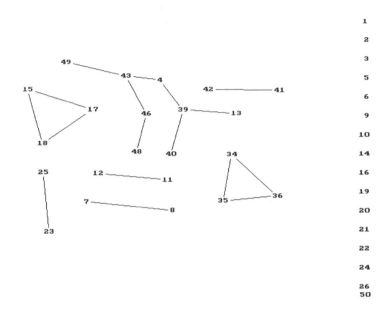

圖7-2　B組織B部門情報網絡圖

孤立在一旁。

　　這現象要如何去解釋？因為情感網絡上的分群而影響到公司內訊息的流傳，以及在業務上的相互諮詢與集思廣益，基本上是不太健康的公司內關係網絡，我們先看B組織編號34、35、36三位成員，他們在情感網絡、情報網絡與諮詢網絡三張圖出現的是完全重疊的現象，在三張網絡圖中34、35、36三人自成一個小團體，沒有和其他成員有所牽連，很符合我們一般對於組織內小團體的印象：屬於同一個小圈圈（甚至派系）的人，不僅在情感的聯繫上特別緊密，其他在情報上、流言上、甚至八

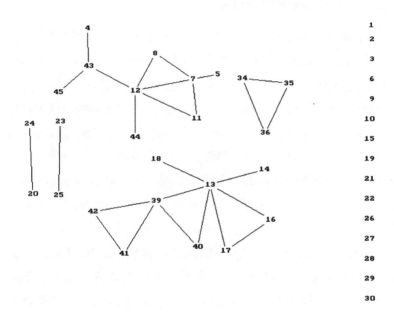

圖7-3　B組織B部門諮詢網絡圖

卦消息上，都在那個小圈圈裡流傳，而當其中某人有什麼問題時，想當然也是找「自己人」解決，情感的分群和情報網絡、諮詢網絡的分群是會有某種程度的符應。

　　了解了B組織資訊不通、流言甚多的病因，在於情感網絡的小圈圈後，要如何提出診斷，解決問題？我們在對A公司調查，並對A公司經理人深入訪談後，可以得到對B組織的建言。

(二)A公司之關係網絡分析

　　下面圖7-4到圖7-6分別是A公司A部門之三個網絡圖,在25人的情感網絡中,明顯的有兩大群集(cliques,也可譯爲小圈圈),另外還有兩個較小的群集。群集與群集間只有兩個中間人(一條橋)m13及t20作爲溝通。一般來說,A部門中的成員大致相處融洽,僅少數成員較少參與部門活動,且與其他同事較少有互動交流。A部門的平均年齡和部門成立時間一樣,非常年輕,平均年齡不到30歲,以25至30歲者居多,大多數在A公司的年資止於一至三年,且都未婚。A公司的25人分成兩大兩小的集群,B組織的52人分成四大三小,基本上十分類似。

　　但進一步比較A公司與B組織之情報與諮詢網絡圖可以發覺,A和B組織都有情感分群的現象,但A的情感小圈圈並不影響A部門內情報的流通,以及員工相互諮詢的頻繁,而B組織則情感小圈圈會使情報與諮詢都限在小圈圈內流傳。

　　在圖7-5情報網絡圖中,我們可以看到這種情感上會分成小圈圈的現象絲毫不存在,A部門之領導人a1因爲年齡較大,又已結婚,所以不太參與部門同仁下班後的活動,行事風格也比較公事公辦,所以在私交網絡上居於邊緣位置。但在情報網絡中,卻是中心性最高的,部門成員對公司的很多消息不會在小圈圈中東傳西傳,而會直接向部門主管問清楚,雖然這個主管在私交上並不親近。A部門的成員可大致分爲四部分,依所負責之產品類別不同而分成三個工作團隊。基本上,三個工作團隊其成員之年齡、性別,以及資歷都大同小異。值得注意的是,在圖

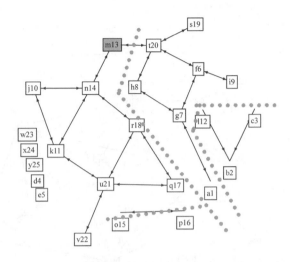

圖7-4 A公司A部門情感關係網絡圖（與誰互談私事）

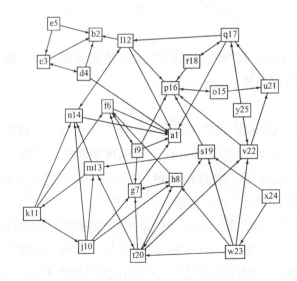

圖7-5 A公司A部門情報關係網絡圖（向誰打聽同仁的離職消息）

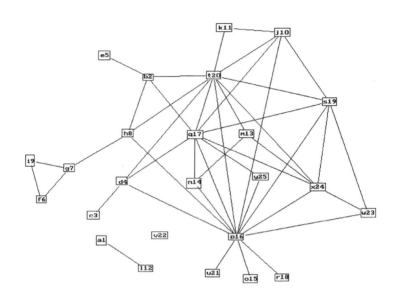

圖7-6　A公司A部門諮詢網絡圖(工作上遭遇困難時,你會請教
　　　哪些同事)

7-6之諮詢網絡圖中我們可以發現,在工作過程中,當部門成員
遭遇到不知如何解決之難題時,不僅可求助同一團隊中其他成
員,也可以請教其他團隊的同事,所以諮詢網絡沒有分群現象,
雙向互通的諮詢也十分緊密。

　　A公司A部門所呈現出來的網絡圖像挑戰了我們對組織內
小團體的「常識」,情感的分群並沒有「阻撓」情報的流通與
諮詢的頻繁,是什麼因素讓A公司的A部門產生不同於B組織的
網絡圖像?要解釋此一現象,還是要從A公司的關係管理著手。

五、成功的總體關係管理

根據A公司經理訪談得知，A從公司文化及公司制度兩個方面去做好關係管理，從而使員工相互信任增加，公司的社會資本提升。公司文化上，A是國際著名的高科技公司，但沒有一般高科技公司給人冰冷的印象，反倒是頗具人情味，A公司從創辦開始，就特別注意到組織文化所帶來的影響，該公司的企業文化也是許多企業的模範，其精神簡述如下：

1. **信任並尊重個人**：A公司認為只要給予好的工作環境，員工會努力把事情做好，在A公司常可感受到來自主管的感謝。

2. **追求卓越的成就與貢獻**：期望所有員工能夠傾聽顧客的需求，找到解決問題的更好方式。

3. **謹守誠信原則**：員工被期待能夠以開放誠實的態度來獲得同仁的信賴，同時也以誠實的態度來面對客戶，如果無法達到客戶的要求，絕對誠實以告。

4. **強調團隊精神**：強調部門之間的合作，對於利潤的分享並不會針對特定的個人或團隊，只要是合格的人都可以得到。

5. **鼓勵變通與革新**：鼓勵員工有多元的想法，公司訂出發展目標後，允許員工以不同的方式來完成。

那麼A公司的文化精神如何影響到員工在網絡圖的表現

呢？因爲從網絡圖中可以看出，A公司內部員工間的諮詢與訊息的傳遞十分頻繁，不受個人情感交遊的影響，因此我們要從A公司如何增加跨部門的互動、如何促成有話直說、面對諮詢時知無不言、不因有階層權威感而不敢說真實的話等四個面向，來加以探討，A公司的制度設計是如何體現其公司文化。

(一)如何促進跨部門的互動？

A公司盡量鼓勵大家到一個地方喝茶、喝咖啡，讓不同部門的員工有接觸的機會，此外還經常在外面舉辦聚會，同一部門底下的子部門就會有一起的聚會，比如電腦事業部底下業務部門、會計部門等等，藉由聚會爲不同部門之間建立起弱連帶。

另外一個例子是發生在A公司台灣公司的辦公大樓，A公司提出了"e-Service"計畫，擺脫過去單純硬體製造廠的印象，e-Service強調對於顧客的服務不論從硬體到軟體、從財務規畫到行銷，可以一氣呵成，但相對的對於組織的變化要求更大，不但要有彈性，各單位、人員能夠專注於核心能力，更要能夠整合，彼此的互動合作是成功的關鍵。除了整合全公司的軟硬體與服務外，爲了促進不同部門員工能夠有更多的互動機會，在午餐會、公開激勵等常用的方法之外，A公司辦公大樓重新改裝成行動辦公室，所謂的行動辦公室，最簡單的來說，就是員工和主管沒有固定的位置，可能員工旁邊坐的就是經理或是其他部門員工，如此當有工作上的問題，便可以隨時和旁邊的人討論，不僅將公司每個人聯繫起來，主管和員工坐在一起辦公，可減少層級感，員工更願意和主管交換意見，這正是A公司強調

團隊合作精神的具體表現。

　　此外，公司旅遊和年終聚餐都增加不少員工跨部門的聯繫。A公司相信員工都會努力把事情做好，所以給予員工較多的自主權，對於員工充分的授權也會促成跨部門的互動，A公司的會議室通常不大，有什麼問題，基層的員工如會計、業務、法務、服務部門來幾個人討論，討論完後各自回去就直接執行，很少再向上級請示，因為員工有主導權，所以不同部門間的溝通就比較頻繁而且容易，只需相關部門的幾個人討論一下，不必勞師動眾。

(二)如何促成有話直說？

　　「目標管理」是A公司中心的信仰之一，目標管理的基本理念是相信員工了解公司的目標後，可以在公司目標範圍訂定個人的目標，並努力完成，公司只須提供完善的工作環境，員工會把事情做到最好，因此對於員工的管理非採取威權式，而是讓員工可以和部門主管協商甚至辯論來確定自己的目標，因此A公司內部的考核並非決定誰好誰不好，反倒更像協助員工發現自己的長處。

　　A公司內每位員工甚至主管都有兩條reporting line，如果面對上層主管有無法溝通的情形，可以從另外一條管道傳達意見，例如技術維修人員假使面臨到的直屬主管是業務出身，可能兩人在溝通上會有很大的落差，這位員工便可以和另外一位負責維修的主管申訴，由這位主管出面協調，事實上，員工如果認為有志難伸，有話不吐不快，可以不斷向上申訴，台灣不

行，還有美國公司、總裁，再不行甚至可以向董事會投訴，這
是被允許的，一方面也是A公司並沒有很明顯的階層氣氛，讓員
工有話直說。

(三)如何面對任何諮詢時知無不言？

A公司強調資訊開放以及誠信的精神，公司對於任何資訊只
要不涉及業務機密，基本上都會讓員工知道。而員工之間如果
面臨彼此意見有很大的歧異，又一時無法化解，員工間會以很
幽默的方式面對，或者提議去喝杯咖啡，讓大家先冷靜下來，
對事不對人的態度，讓員工在處理紛爭時，能夠不帶入個人情
感，這是導致員工的情感連帶不會阻礙到員工間相互諮詢與傳
遞情報的因素。

走動式管理是另外一個可以讓員工有機會表達自己意見的
作法，特別對於不善於主動找主管的員工更有用，走動式管理
很重要的關鍵就是激勵，往往員工和主管談啊談的時候，就會
很得意的拿出自己的成果，主管會稱讚員工，讓員工更樂於和
主管分享經驗，A公司對於主管走動式管理的技巧訓練，要求要
像新聞記者一樣，先從一般的問題著手，在慢慢縮小範圍，找
出事情的真相，這特別要主管付出更多的耐心，很多員工被冤
枉就是主管耐心不夠，同時由於是主管主動找員工談，也免除
了員工怕被人說打小報告的疑慮，這都是鼓勵員工知無不言的
方法。

（四）不因有階層權力感而不敢說真實的話

「門戶開放」的政策促進員工隨時找主管商量，在A公司越級上報是沒有任何顧忌的，常可以看到員工和主管談話時翹著腿，不拘泥於形式，同時在公司內大家一律稱呼名字，不管職位高低，如果覺得找主管談會有困難，也可以用電子郵件的方式，事實上，A公司在台灣的分公司因為溝通管道十分暢通，所以很少會用到以信件和主管聯絡的情形，電子郵件的出現讓員工跟主管多一種溝通方式，例如，員工要做某項計畫，但一時找不到主管報告，於是一邊留voice mail告知主管，同時計畫就進行了，這並不會被認為是先斬後奏或者不禮貌。也由於制度設計上，員工有很暢通的溝通管道，所以很少有黑函發生。

此外在員工的考核上，主管需要很仔細地填寫對員工的評估，還要和員工討論，討論完要員工簽字，員工可以簽字，但也可寫對主管的評估是否贊同，不管員工是否同意，還要送到更上一層主管簽字，如果上層主管看到明顯衝突，會先分別找雙方談談，了解為何有那麼大的歧異，甚至把兩人同時找來面議。A公司建立許多制度讓員工有申訴的管道，為了保障員工的言論，對於主管秋後算帳的情形是有相當嚴厲的懲罰，如果只是員工和主管意見不合，主管事後對該員工有不當的言語，最嚴重的懲罰就是將該主管辭退。

為了保障員工言論權益，A公司對於主管的訓練制度相當重視，主管之間有著平衡與互相牽制的關係存在，沒有一個人可以讓公司照他自己的意思去做，因此A公司對於員工的工作權有

相當的保障,要辭掉一位員工並不容易,要直屬主管、總經理、人事最高負責人三人同意才行,並且會預告,給予員工一段觀察期,若是在觀察期表現進步,就免除遭開除的下場。

六、總體關係管理之建議與結論

　　從上面四個方向的制度設計內容來看,我們發現A公司透過部門間各種溝通管道的建立,以及對於坦率表達意見者不吝於給予公開的鼓勵,會幫助員工開放自己的心,願意和其他人分享自己的意見,而讓組織的訊息流動更為暢通,也因為員工樂意表達自己的意見,因此當有工作上的問題時,很容易找到可以諮詢的員工,而主管開明與開放的管理風格,也幫助員工敢於說出真實的話,綜合這些效果,可以讓A公司內部的資訊暢達、員工之間有頻繁的諮詢,員工間的情感連帶便不至於影響到內部資訊的流動與諮詢的熱絡。公司文化要深植於員工身上,並非透過強制性的方式,而是在新進員工與資深同仁一起工作時,在資深員工言行上所看到A公司企業精神的展現,而達到潛移默化的效果,因此我們可以從公司文化的內涵去解釋,在網絡圖上為何在A公司A部門情感的小團體不會影響到部門內情報的暢通,與員工頻繁的相互諮詢。

　　A公司採取分權與目標管理,並鼓勵員工創新,員工除了處理公司交代的任務之外,還會針對個人的目標或是對於公司的運作認為有可改進處,提出專案,大大小小同時進行的專案,是A公司內的一個特色,往往一個員工身兼數個專案,不但可能

是某個專案計畫的主持人,也同時會是其他專案的成員,再加上A公司不斷進行組織再造的工作,以期組織能保持彈性,迅速反應市場,若是沒有特殊的方式來凝聚成員的工作關係,將很容易淪為小團體各自為政的狀況。從A公司的制度與員工互動的態度,可以理解到為什麼A公司的企業文化是讓A部門的員工在擁有各自的情感網絡的同時,並不會影響到工作上的合作。

在A公司經理人的陳述中,我們發覺,不斷被強調的是公司文化及制度設計,而不是如何加強員工的情感與互動,為不同部門的同仁創造互動的機會,固然有助於公司諮詢網絡的密度(density of network),但改善公司內關係管理的重點,絕對不是增加員工情感,加強大家的關係就能成事的,尤其對B組織而言,改善關係管理絕對不等同於想辦法加強員工關係,因為B組織的員工多是年資很久的人,部門中的人也都早已相互認識,而且下班後的社交活動也較多,相反的,A公司A部門內的員工反而弱連帶較多,交往不如B組織那麼頻繁,所以A公司的關係網絡較健康,不是因為公司員工關係較緊密的結果。B組織真正需要的絕對不是更多的非正式聚會、更多的組織認同以及更多的會議以加強溝通,而是如何設計制度以使得任何資訊透明,並鼓勵員工誠實以對,有話直說,以培養組織中面對諮詢知無不言的文化。

第 三 篇

企業關係管理運用

第八章
如何做好訊息管理？

一、知古鑑今——中國人的關係管理智慧

雍正元年5月，年羹堯統率十萬大軍，移防西寧。由於羅布
藏丹增的叛軍都是慓悍勇猛的蒙古人，遊牧部落習性行無定
蹤，今日探報說叛軍中營設在貴南，明日再報已向興海移防，
派小股軍士前往奔襲，卻又撲空，再探時，羅布藏丹增已至溫
泉……如此飄忽不定，在遍地皆是叛軍叛民的西北盲目追逐，
注定是要吃大虧的。所以直到9月還遲遲沒有大舉進剿。於是糧
草軍需的供給成為這一戰的關鍵。

這幾日戶部呈上的奏章中指出，西北大軍一天的軍餉就是
20幾萬兩，一個月就要700萬兩，而國庫存銀只剩1000多萬兩，
僅能供應一個月餘。然而其中大將軍行轅的每天用度就需二、
三萬兩，甚至還派1000多人特定從四川運送新鮮蔬菜。雍正心
想一定得深入了解此事。恰好，日前朝廷派十名侍衛護送九阿

哥到陣前效力。這十名侍衛都是皇上身邊的一等侍衛,雍正派這些人明為護送,實為安排至年羹堯身邊的眼線,各個都有密奏皇上的權力,其中穆香阿更是這些侍衛的頭頭。然而,這些侍衛一到,年羹堯不但讓這些人吃了個下馬威,更透過手段讓這群侍衛對其敬畏。

這一夜,宮中西北密摺剛送到,這些密摺分別有兩把鑰匙,眼線一把,雍正一把,並且每個眼線的鑰匙都不相同。雍正首先拆開穆香阿的密摺看到:「奴才穆香阿跪陳,年羹堯是好樣的,他心裡裝著主子,裝著朝廷,每天睡覺不到三個時辰,吃東西也很簡單……」接著雍正拆開另一個密摺:「奴才伊興阿密陳,大軍正在對叛軍形成合圍之勢,當務之急是軍需糧草,但浪費仍然很大,僅僅中軍行轅每天食用的蔬菜,就派1000人從四川轉運,九貝勒和十侍衛已經到了,年羹堯對九貝勒禮敬有加,卻差點殺了十名侍衛,不知為什麼,十名侍衛反而對他十分畏服。」而這個伊興阿正是年羹堯手下的一名將軍。

這個故事凸顯了雍正的關係管理智慧,首先這一場西北大戰關係著大清帝國往後的存續,因此年羹堯深知其重要性,慢慢顯露出擁軍自傲的態度,然而,雍正深知不能得罪年羹堯,即使年羹堯是其一手培養出來的家臣。所以雍正藉由外放九阿哥到陣前效力,一方面也安排十名侍衛明為護送實為眼線,以協助其掌握訊息,但是,雍正了解年羹堯也一定知道這群人有密奏的權力,所以也安排伊興阿這個點,透過雙重情報的蒐集,使得情報的正確性增加,這也就是訊息管理中最重要的部分。

二、重要概念

　　我們可以說企業e化最主要的內涵，就在爲整個訊息溝通系統的網路化以及知識管理。訊息溝通爲整個企業生存脈動的原動力，一個溝通有效率的企業，必定能花比別人少的時間做比別人多的事，而e化的目的即在使企業溝通快又有效率。如同未來學家托佛勒所說：「知識，是創造權力與財富的基礎。我們正處於一個資訊時代；舉例而言，在1980年代中期，美國大約一半以上的勞動力所從事的都是和資訊有關的工作，資訊產品劇增，飛快的市場與技術變遷，使得今日的資訊比赤道上的冰雪更易消失無蹤。」然而許多管理者認爲良好的訊息管理，在於良好的訊息管理系統，只強調硬體建設，卻忽略了人際網絡才是知識傳遞真正的通道。

　　如何使得正確且有效的資訊能夠適時傳遞，而不是無濟於事的一堆資料？如何管理資訊，是在商業領域中經營關係網絡非常重要的原因。以下我們從訊息管理的病徵談起，思考情報網絡圖的重要性，並進一步分析和診斷相關的訊息管理問題。

(一)訊息管理不良的病徵

1.上情不下達，下情不上聽

　　對於企業管理而言，最常發生的就是訊息管理的問題，如何使得上情下達、下情上聽，是訊息管理的重點。就像韋恩·貝克所說：「訊息在正式管道流通的過程中，絕對會被加油添

醋，我們常常都會發現訊息來得太晚而一點用處都沒有；矛盾和模稜兩可的訊息會產生困惑，在一個被彙整過的訊息中，往往會失去重要的細節，更糟的是，呈上來的報告根本就是一種處理過的、數字的訊息，它可能是經過過濾和保留甚至是偽造的結果。」結果上面的人不知道下屬對公司政策有什麼看法，下面的人也不明瞭上司的原先意圖。嚴重的情形就如同柏楊所說的「沙魚群」一般，一群人把上司團團包圍住，隔絕了其他下屬的接觸。即使上司有滿心抱負，想一展身手，但聽到的卻都是加料的訊息，做出錯誤的判斷，這種例子在歷史上屢見不鮮，明朝崇禎皇帝就是個鮮明的例子，他下令殺了明朝最重要的一道防線袁崇煥，就注定國家大勢難以挽回。

2. 很多人不清楚公司狀況

我們常說這個人搞不清楚狀況，就意味著這個人在某個公司或團體裡，往往是最後一個聽到重要消息的人，以至於做了許多錯誤的決策。如同韋恩·貝克的建議：「你必須認真地去蒐集任何一個資料、小道消息、謠傳，或任何含沙射影的言詞，有些消息是你所得到的消息中最適時也最精確的，有些可以幫助你看到未來；不過仍有許多消息是無用的，有些可能根本就是錯誤的，有些甚至是假情報或是惡意製造出來的謊言。這些訊息都只是大故事中的小片段而已，其實你面對的是一個互相制衡的關係。如果你總是想要等到獲得了所有資訊後才開始做事的話，那就太遲了。」

如果這樣的現象變成了一個公司的文化，我們將會看到這

個公司的人每天都在打聽小道消息，深怕自己吃虧，這樣的公司文化會有多少人能專心工作可想而知。以近來的裁員風為例，如果公司內沒有公開公正的訊息管理，所有人都會人心惶惶，很難想像不會發生更大的危機。造成這種現象的原因，常常是因為公司內有許多小團體，各自為政，甚至有人壟斷了訊息流動的管道。

3. 謠言特別多

　　當你發現一個公司或團體謠言特別多時，就表示整體訊息管理產生了問題。尤其當一個領導人在行動之前沒有掌握足夠的訊息，有可能會做出不好的決策、引起公司成員不和，或讓組織受制於種種謠言和花邊當中，無法自拔。而韋恩・貝克在討論建立情報網時，建議以一種非正式的溝通會議，來決定相關的問題，也就是所謂的甜甜圈會議（donuts with ditch），其正式名稱叫作「訊息交換會議」，強調透過這種方法打破舊有層級制度的藩籬，讓領導人來聆聽每一個人的關懷所在，獲取資訊也提供資訊，讓每一個人都互相保持聯繫。這真可謂是一個獲得真實意見和真實問題的妙方，它提供那些沒有其他溝通管道的人們一個可以說話、聆聽、和與上層溝通的場域。

（二）情報網絡圖如何分析與診斷？

1. 有沒有小圈圈？

　　要分析一個組織有沒有小圈圈，最簡單的方法就是看網絡圖，如果發現一些點各自集中且相互連結較整體網絡多時，小

圈圈的現象就很明顯。如果想進一步分析,可採用「內外群聚指標」(E-I index)來計算,這個概念在第四章有詳細說明。如圖8-1就可以看出這家公司有三個小圈圈,而且三個小團體之間甚至沒有任何聯繫。這種情況常常造成公司訊息在某一群人中傳遞,另一群人卻一直不知道,也可能造成兩群人聽到的訊息不一樣。

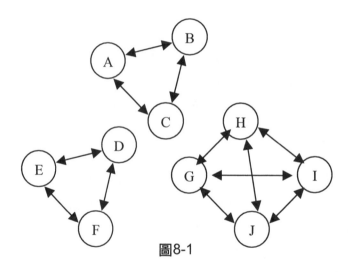

圖8-1

2. 訊息迴路是不是太少?

訊息迴路太少的問題經常發生在科層式組織裡,意指上層發出訊息後,無法從另一個點去檢查傳出的訊息是否有錯誤。對於這樣的問題,我們就正式組織的架構來描製情報網絡圖,可以清楚看出從上層傳遞出的消息是否有足夠的迴路。如圖8-2,這個組織的層次有四層,當A發出訊息給B1時,可透過C1

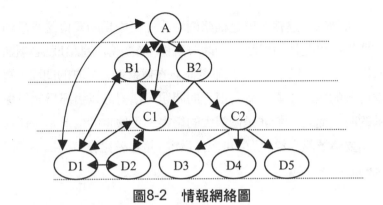

圖8-2　情報網絡圖

或D1來對訊息做確認，相對的，當A發出訊息給B2時，並沒有任何一點可以作爲A的檢查點，造成訊息的傳遞沒有迴路。對於一個好的領導人而言，這是特別要去注意的現象。

3. 可達性太低

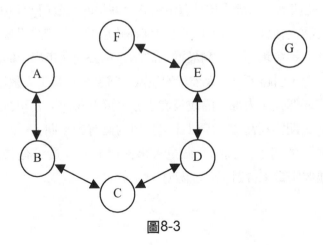

圖8-3

所謂的可達性,就是網絡圖中的任何兩點間要傳遞訊息的
方便性和可能性的程度,以圖8-3為例,A要傳訊息給F就必須通
過B、C、D、E四個點,先不就訊息在傳遞過程失真的問題,單
就傳遞的效率來看,就有很大的問題,這對於以資訊為競爭優
勢的時代而言,無非是個很大的傷害。更嚴重的情形是,任何
一點要傳遞訊息給G點的可能性為零。這也就是會有人搞不清狀
況的原因。

三、企管個案

(一)問題出現

矽晶系統公司(Silicon Systems)是一家小型企業,它位於美
國西岸一處大、小型企業聚集的區域。矽晶系統公司的業務範
圍包含了資訊系統(information systems)的販賣、裝置與維修服
務。一些與矽晶系統公司具有市場競爭關係的大公司,如IBM與
美國電話電報公司(AT&T),在以前都將它們的行銷重點鎖定在
鄰近的大都會地區。直到最近,矽晶系統公司在市場中的潛在
成長能力,引起了這些大公司的注意。這家公司員工人數從3個
人增為36個人,大部分的成長發生於最近五年內。公司在這段
急速成長期獲利甚豐,所以此家公司的擁有者預期公司的業績
並無衰退的可能,直到一個重大事件爆發──員工有怠工現
象,並要組織工會對抗管理階層。

（二）網絡分析

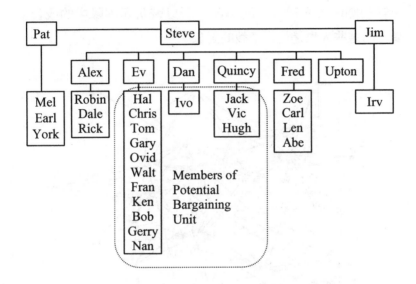

圖8-4 矽晶系統公司組織架構圖

公司中的兩位主管Steve和Ev在此一事件中，表現出全然不同的處理能力，Steve是這家公司的創辦人及總裁。他熟悉公司中大大小小的事務。從圖8-5的諮詢網絡圖[1]可以看出，Steve在諮詢網絡中有17人向他請教，他會向7人請教。他會成為公司其他員工求助與諮詢的對象，是一點也不令人驚訝的，因為他是

---

1 由研究人員問員工：誰會向誰請教工作上的疑難雜症，然後把請教的關係繪成圖，其中Abe會向Steve請教則有一條線連上他們，箭頭指向Steve。

總裁,知道公司所有的情況。Steve與公司的7名員工具有常態性的諮詢與互助關係,顯示了他在管理工作上的風格:他傾向於用管理團隊來處理公司的事務,所以較常與團隊中的成員接觸,而這些人也是他會請教的對象。

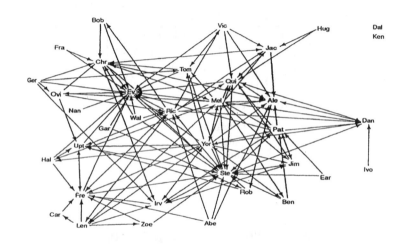

圖8-5　矽晶系統公司諮詢網絡圖

Ev是公司中的技術專家,也是技術方面的總負責人,他的管理風格正好與Steve形成對比。Ev負責監督公司多項專業產品設備的安裝工作。他在諮詢網絡是最常被請教的對象──19人向其請教,甚至比公司的總裁Steve還高,顯示他的職位在組織中的重要性。Ev擁有在此專業領域中解決問題的能力,使得他成為公司許多員工的工作諮詢對象。然而,他只向一人請教。他在公司中所扮演的角色好像是專門負責解決問題的專業工程

師，而較不像是管理者。公司的其他員工常請教Ev關於工作上的問題，他則幫忙員工解決問題，或告訴他們解決問題的方法。Ev並不認為他的工作需要向其他人尋求意見、指導或幫助。

　　雖然沒有人會質疑Ev的專業技術能力，然而Ev底下的一些裝置技術員（installers）卻不滿意他的管理風格。最後，這些員工與全國性工會秘密接觸，並開始在矽晶系統公司進行組織工會的活動。由於Ev對公司底層員工缺乏熟悉感，所以當全國勞工關係理事會通知他，公司的員工正在進行組織工會的活動時，他覺得非常驚訝，也覺得員工背叛了他。

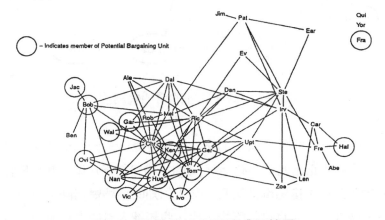

圖8-6　矽晶系統公司情感網絡圖

　　Ev的問題到底出在哪裡？他IQ很高，從他是全公司技術最好的人，就知道他學習能力很強，他EQ也不算低，從他是全公司最受歡迎的諮詢對象，就知道大家都喜歡問他問題，他有足夠的耐心、愛心去解答大家的疑難雜症，也有不錯的應對進退

能力,使發問者不失面子,所以大家會一再來問,但為什麼他對整件事卻毫無警覺,最後也完全手足無措,進退失據呢?相對於Steve最後很巧妙地把問題化為無形,Ev欠缺了什麼?

(三)解決策略

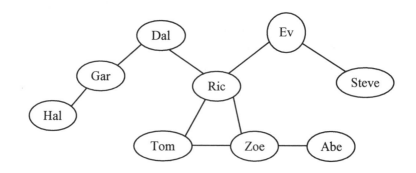

圖8-7　Ev所認知的情感網絡圖

　　魁克哈特為他們做了網絡分析,發覺Ev對同仁情感網絡圖(圖8-7)[2]和正確的網絡圖(圖8-6)的描繪完全不正確,其正確性分數在公司中排名倒數第八,其所認知的情感網絡圖,不但畫不出幾條線,而且錯誤不少,比一些新進人員的表現還差。難怪他根本搞不清楚底下的人誰和誰結成了小圈圈,誰和誰正在傳播不滿情緒,當然對一群人要對抗管理階層也蒙在鼓裡,毫無對策了。

2　把誰和誰會是朋友調查出來,朋友間有一條線相連,畫成圖。

　　相反的，Steve在情感網絡中有八個人將他視爲私人性的朋友，同時這八個人在情感網絡中的分布位置也很分散，幫助他蒐集了很多有用情報，所以他對情感網絡的認知正確性遠高於所有員工分數的平均，這是因爲他較關注公司人員的一舉一動，因此在事件發生後，他能從容不迫地順利化解。

　　Ev欠缺的這項關係網絡認知能力，正是所謂的關係管理——關係管理的智商。

四、關係管理實戰

　　你現在所要做的事情，就是要來評估你個人情報網目前的狀況，看看你的消息靈通嗎？或你總是最後一個了解事實真相的人？你能及時得知新聞並做出反應嗎？或者你總是屢試不爽地當問題都爆發了你才反應過來？簡單的說就是，你是自己的情報網的領導人嗎？

　　接下來的這個小測驗，將可以幫助你評估一下自己情報網的狀況。以是／非來回答最適合你自己的情況。以下取材自韋恩·貝克書中的公司內情報靈通程度問卷：

評估你的情報網

1. 你認爲你是否經常處於一種「消息靈通」的狀態，並常常發現組織中的重要決策、事件以及活動？
2. 當你已經向上升遷，你是否仍然和原來的日常業務保持聯繫？

3. 當你在公司中調派走動之餘,你是否仍然和那些你所待過的部門中的同仁保持聯繫?

4. 你是否經常透過非正式的口傳口管理訊息系統管道獲得一些聽聞?

5. 你是否比較喜歡以面對面的方式,來解釋或討論一些複雜的問題以及目標的改變?

6. 你通常都會接受建立新關係的機會——調任、暫時性的特遣小組、委員會的參與、換換職位?

7. 你是否曾經(或願不願意)接受一個海外的任命?

8. 你在許多不同團體中都有屬於你個人的接觸關係(不同於你在相同團體中所擁有的關係)?

9. 你是否會主動地和你的下屬、上司或同儕分享訊息?

10. 你是否會提供資訊給那些提供資訊給你的人?你會有這樣的回饋行動嗎?

11. 你是否曾經發展一個即時的情報網,像是一個屬於你自己個人的甜圈圈聚會一樣的東西?

12. 你是否認識一些在其他團體或部門中能透過特殊管道以獲得外部資訊的人(而且這些訊息對你非常有用)?

13. 你和律師、會計師、銀行家、顧問、廣告代理商,以及其他外部的一些訊息來源都會保持聯繫嗎?

14. 你會運用專業的訊息供應商嗎?

15. 你和你的客戶會維持親密的接觸嗎（包括最終消費者）？
16. 你會運用供應商作為你的訊息來源嗎？
17. 你是否曾經發展出可以快速傳送外部蒐集的訊息的內部管道？
18. 你是否常常在外部世界中「走動」、參加商展、會議、市政或慈善事業等等？
19. 你認識其他組織中的同儕並且和他們討論嗎？
20. 你是否會把董事會議、遊說團以及貿易協會當作你的高層次的眼與耳？

　　計算分數的方式是先圈選出你回答「是」的所有題號，計算總數，如果你的總分在16到20之間，你個人的情報網可以稱得上是一個極佳的形式（雖然，仍然有許多可以繼續改進的空間！）；如果你回答「是」的題數是在10到15之間，則你仍有許多需要改進的地方；又如果你回答「是」的題數低於10的話，那麼，你就得加把勁嘍！

第九章
如何做好領導並發揮影響力？

一、知古鑑今——中國人的關係管理智慧

蜀漢建興3年，丞相諸葛亮率軍南下，對雍闓採取行動。參軍馬謖送出數十里。

諸葛亮說：「多年以來，我們雖然在一起不斷共同制訂策略，但今天要請你指教。」馬謖說：「南中（雲南省）仗恃路途遙遠，山川險阻，叛亂不服，為時已久。今天把他們擊敗，明天他們又反。你正準備集中全國之力北伐，跟強大的敵人周旋。蠻族了解政府內部空虛，叛變的時間就越提前。如果全部屠殺，以求永除後患，既失去仁愛之心，而且又不可能把他們倉卒之間完全消滅。軍事行動，攻心是上等謀略，攻城屬於低級層次；心理作戰是上等謀略，沙場作戰是低級層次，但願你能使蠻族心服。」

隨後，諸葛亮連戰連勝，孟獲集結雍闓餘眾繼續抵抗。孟

獲素來受到蠻族和漢人的尊敬佩服；諸葛亮下令不准對他殺害，定要生擒。

不久果然生擒，諸葛亮命他參觀蜀漢兵團的營寨和陣地，問他說：「我們的軍隊怎麼樣？」孟獲說：「過去因為不知道虛實，所以戰敗。而今參觀你的營陣，如果僅止如此，我們取得勝利，易如反掌。」諸葛亮笑起來，釋放孟獲，令他捲土重來。經過七次生擒和七次釋放，最後一次，諸葛亮又要釋放，孟獲不肯再走，說：「你有上天的神威，南人從此不再造反。」南方乃告平定。

在諸葛亮七擒孟獲後，分別任命蠻族酋長擔任郡縣政府首長，有人提出異議，諸葛亮說：「如果由中央委派官員，就必須留下軍隊保護。這些駐防軍的糧草供應是一大難題，此其一。蠻族剛剛受到挫敗，有的人老爹陣亡，有的人老哥喪命，怨恨仍在，僅派官員而不駐防軍隊，定有後患，此其二。蠻族多年來，斬殺和驅逐的官員太多，自己知道罪名太重，當然猜疑不安，如果由中央委派首長，他們不會相信這些官員對他們不再報復，此其三。我所以不留軍隊、不運糧草，只不過盼望社會秩序粗略的復原，蠻族、漢人粗略的相安。」

諸葛亮於是網羅蠻族中所有有才幹、有影響力的豪傑，以及孟獲等，全都委派他們充當官員，而徵收他們的金銀、丹漆、牛馬等，供應軍事和國家的需要。從這個時候起，在諸葛亮有生之年，蠻族再沒有叛變過。

其實這樣的故事說穿了就是知人善任，然而，許多領導人對於知人善任的了解往往只在於個人的能力，忽略了一個人在

結構上的位置，尤其是非正式組織的結構，以至於發揮不了影響力，而關係管理正是在凸顯這個層面。

以諸葛亮七擒孟獲後的官員任命來看，諸葛亮即強調如果由中央指派首長，則此地仍不能安定，原因在於，蠻族剛戰敗，許多人的親人陣亡喪命，若由中央指派首長，則許多人定會怨恨。並且這些被指派的官員也會猜疑這些蠻族，所以定不能僅僅指派官員，還必須留下軍隊，然而若留下軍隊，除了糧草的運送問題，更重要的是會形成中央軍和地方軍兩種文化，很難不發生衝突。

而解決這樣一個問題的關鍵點，就在於要選擇什麼樣的人來擔任地方首長，這個人首先要獲得當地人民的信任，更重要的是，這個人對中央極為信服，這也就是諸葛亮要七擒七縱孟獲，使其心悅誠服的原因。

以下我們針對如何做領導和領導如何發揮影響力，介紹幾個重要概念。

二、重要概念

(一)什麼時候要發揮你的影響力？

對於企業管理而言，常常會面對一些正式權力辦不到的事件，例如下了命令卻得不到反應、或根本無法用權威或制度的力量來處理的事件。

像上一章討論的矽晶系統公司所發生的組織工會事件就是一例，在一個組織中，公司命令與規章只能規範員工例行性的

工作，但面對員工情緒不滿、想法消極、態度不良時，權威與命令只管得住行為，卻管不住思想；面對偶發事件、緊急危機，無公司規章可循時，再多的獎懲也無法使員工主動團結共渡難關。這時，聰明的經理人就要收起他的威權，改用非正式的影響力。

下面介紹幾個典型要靠非正式影響力的時機：

1. 塑造公司文化時

《追求卓越》這本書出版後，討論組織文化就成了管理學中的顯學，Peter Thomas研究了美國當時最被看好的30幾家公司，他做完研究後得出了一個結論：這些好的公司，如惠普，都會有一些特定的公司文化；譬如走動式管理、任意的交談、輕鬆的氣氛、積極的作為、目標導向、市場導向等。

基本上而言，在公司資訊化與企業再造的過程中，有一個很重要的前提，就是組織文化改造，目的在使員工變得主動積極，更能接受資訊化的衝擊。但要改造公司文化就要提出目標，以激勵員工面對挑戰，說服所有員工非常努力地達成這個目標，這就叫作「願景」。

比如奇異公司的願景就是所有分公司或部門不是老大就是老二，如果是老三，公司就把部門裁掉，因為未來的世界是贏者通吃的世界，你如果不是老大不是老二的話，你就沒有生存的機會，這就是奇異提出來的口號，是公司共同的願景。

網絡式組織強調的是意識形態管理和社會控制，而非威權控制及法規控制。因為這些從事外包的SOHO族、小包商以及工

作團隊，不見得在公司內工作，而必須是遠距管理。這種情況下，很難再用過去公司的規章與威權結構去壓制他們，所以最重要的是，主管要跟他們保持良好的關係，良好的互動，合作的愉快；另外就是要有共同願景，大家都有共同的理想，才能同心齊力一起打拚。

但是願景卻不是一道人人遵從的「命令」，往往言者諄諄，聽者藐藐，要員工讀公司的「董事長語錄」，唱「公司歌」，跳「公司操」，得到的只是作假而非齊心，這時正式的權力就完全派不上用場。所以，要想讓員工心悅誠服地接受公司願景，只有運用非正式的影響力。

2. 當公司面對危機時

矽晶系統公司的組織工會事件，就是公司所面臨的一個危機事件。公司中有一群員工對公司不滿，就開始在台面下搧風點火；而剛好全國工會也願意進來組織一個工會，總經理、董事長們又不能插手這件事情，這時我們就可以發現，實際上最有可能影響工會成立與否的人，是那個平常在情感網絡中心性最高的人，他往往具有所謂的非正式影響力，可以利用影響力去影響他的好朋友，這時候最有影響力而非最有權力的人扮演了最關鍵的角色。在矽晶系統公司的案例中，可以發覺Chris就是一個情感中心性非常高的人。

大凡像這一類的事件，公司不太可能用正式權力來解決。比如說公司廠房失火了，大家隨人顧性命，儘管總經理再有權力，也勸不動大家同舟共濟。這時，公司中有影響力的人可以

精神感召大家，登高一呼一起幫公司渡過難關。最明顯的是在
發生危機之後，公司正常作業可能因此大受影響，工廠一團亂，
到那時效忠工廠的人就願意在極短的時間內復工，可以將工廠
運作得井井有條。

如果公司中員工都沒有向心力，我們可以看見，光是一個
災害現場的整理工作可能就會持續很久，大家趁亂摸魚，或許
過了十天半個月都還無法復工。在面對危機而且無常規可循
時，往往有影響力的人登高一呼，要比有權力的人猛下命令要
有效得多。越是情況不清楚、不確定性高的時候，經理人越要
運用影響力而非權力。

3. 當公司士氣不振時

魁克哈特還做過一些研究：一個人的離職常常會帶動一群
人的離職。尤其在台灣的社會中，這個問題更嚴重。台灣社會
的職場中有一個特色，那就是「寧為雞首，不為牛後」。很多
人到公司中去學習、去工作，最大的目標就是將來出來當老闆，
所以今天做牛做馬沒關係，有朝一日我就養一群牛和馬。

小公司最害怕員工跳槽，因為這些跳槽的員工往往有備而
來，他一走，就會把老闆的生意帶走一半，甚至也把老闆的員
工帶走一半，馬上成立一家一模一樣的公司，跟原來的老闆對
抗，而且在原公司把技巧學透，把價錢壓低兩成，把前老闆的
生意全搶光。

一個影響力很高的人離職，可能會帶走一大群人離職，但
這未必是件壞事，因為他留下或許更糟。如果這個人平常牢騷

滿腹，但影響力很大，那麼他和一群朋友會使得公司士氣低落，他們離職之後，公司士氣反而越來越好；因為抱怨的人少了，發牢騷的人少了。

　　一個影響力很高的人常常在離職的那刻，顯現出他的影響力：例如他離職所造成的結果是帶走了一大群人，或者造成一大群人的不滿，但也有可能是好結果，因為他不抱怨了，以前常在他身旁的那一群人工作效率反而改善了。情感網絡在這種偶發事件爆發時，往往具有很關鍵的影響力。如果大家士氣不高、打混矇騙上司、做事推託不負責，這時往往越用權威壓，士氣越低落，所以最好的方法是運用有影響力的員工，散布「快樂、希望」的種子。

(二)發揮不出影響力的問題分析與診斷

1. 找出地下總司令

　　如果你是老闆，想要找誰來跟你談，找誰來幫你解決上述這些問題？當碰到這類型問題的時候，其實已經跟員工之間的情感溝通有問題了。說得更清楚一點就是，員工不認同公司，所以才會士氣低落。公司講了一大堆願景，員工把它當作口號，根本不把它當作一回事；也因為員工不認同公司，所以員工總會對公司有一些誤解，至少是老闆所不樂意見到的見解。

　　企業再造之父漢默研究過一個保險公司，員工認為只有拍馬屁、搞關係才能夠升遷，認為今天我翹了班不做事其實無所謂。公司文化不良，當想去改造它時，除了要改造制度外，很重要的是，如何讓公司的新制度或新願景，被大家所接受，這

時，就要找一位地下總司令幫忙改革。

地下總司令有影響力，透過他的影響力，就會影響別人。公司要讓他相信：公司已經被改革派接收了，公司的改革派決心要好好地改變公司文化，已經有一大堆的改革措施，而且這次是玩真的不是玩假的。你讓他相信公司，他就會讓別人也相信公司。

當然管理者自己也要相信公司政策，不能只是當作口號說給別人聽，而自己從來都不去做；如果一個董事長，最後還是喜歡別人逢迎拍馬，那麼今天所有的改革，就會變成又一次的謊言，讓員工更加不相信公司。但是如果你認真的做到你要改造的事情，那麼誰最能幫你傳達出去，說服別人？就是這個地下總司令。

在中國公司的管理中最常見一個現象就是，管理者發現誰是地下總司令，當務之急就是先把他開除，認為這號人物一定是麻煩人物，一定是最有問題的人，一定天天在製造問題。所以一直以來，我們稱這種人及其同儕的行為為「結黨」。

過去中國政壇上只要一聽到別人結黨，就是包藏禍心、有所圖謀，就要趕走他，因為他會有危險。但實際上，這樣子的人具有非常高的可運用性，他往往是一個最值得你重用的員工，只是看你如何去運用而已。能不能跟他建立共同的願景？能不能跟他互信和互惠？如果可以，管理者就能充分運用這樣一個人。

2. 找出兩個文化問題

公司中如果出現兩個小團體，則會出現兩個文化的問題。在不同的團體中，組織氛圍不同，大家做事的習慣不同，對公司的看法不同，彼此溝通的方式不同，工作態度不同，工作緊張或輕鬆程度也不同，這兩個不同文化的團體一定會往來，甚至產生衝突，所以公司政策只能貫徹一半，訊息傳播也一半知道，一半不知道，總經理的影響力一定是一邊接受，另一邊就忽視。如果一個公司當中有這種兩個文化現象，其實是一件非常棘手的事，對管理者來說也會是個非常大的挑戰，如何幫兩個團體多搭一些「橋」，而且讓這些「橋」傳遞影響力，是當務之急。

3. 領導人的情感中心性是否太低

在上一章的管理個案中，下面會談到結果是Steve出面解決的，Steve其實私底下跟這些員工處得也還不錯，所以在情感網絡中，Steve是一個中心性還不錯的人，而且Steve本身就跟Chris滿有一點交情，造成結果就是Steve最後影響了Chris，Chris情感中心性最高，Steve用各種影響力去影響Chris，Chris則在投票之前忽然失蹤，表達了中立立場，而情感中心性很差的人又叫不動這群人、影響不了這些人。

Chris為什麼失蹤？因為團體有一種團體意識，Chris很害怕被他的員工朋友排擠，認為他是站在資方不是勞方；但他在這件事情中又受了Steve的影響，所以到最後他就覺得兩難，既不能出面為公司爭什麼，又不好意思背叛Steve出面來組織工

會，所以最後他乾脆離開。他的離開果然出現反應，造成員工在投票時群龍無首，最後企圖組織工會的人失敗了，這件事不了了之，於是工會的組織行動無法成功。

Steve如果在員工中的情感中心性太低，他既不可能掌握住策略關鍵點Chris，也無從發揮影響力去中立很多員工，這個危機就無法安然度過了。

三、領導問題的關係網絡分析與診斷

領導問題的病徵是什麼？就是指揮不動，人心不服，謠言滿天飛，部屬私下或甚至公開反抗你，當然還有包括團員不合作，大家各自為政，團隊中間分了好幾個小團體，每一個小團體之間不相來往，領導想調解都調解不了，想一致行動卻總是甲終於聽你的了，乙一看甲聽你的，乙就不肯聽你的了，這就表示一個領導者開始有領導問題了。

看到一個領導問題時，可以想像一下網絡分析可以看到什麼？可以從圖中就看到些什麼樣的問題？可以如何直接判斷或預測領導可能會出的問題？

(一)領導者的諮詢中心性太低

魁克哈特發覺在諮詢網絡中，其中心性最高的，往往是正式權力結構中權力最大的，往往是一個組織中層級比較高的經理人，也是在日常工作中比較被大家諮詢、被大家重視的一個人物，這樣的一個諮詢網絡圖多半是和正式權力結構有關。如

果一個領導諮詢中心性太低，表示他的下屬做工作已可以不用考慮他的意見，意味著正式權力已經旁落。

(二)領導者的情感中心性太低

　　還記得矽晶系統公司的情感網絡圖嗎？你如果在日常生活中觀察到Ev這個人，大家一有技術上的困難就會去請教他，他是公司中間的權威，他在公司中不但說話有分量，而且對技術的了解最深。如果說Steve搞不清楚狀況，請了Ev來進行反工會活動的話，顯然就完全錯誤了。因為實際上，Ev在情感網絡圖上是一個非常不重要的人物，只有兩個人承認跟Ev還有一點點感情交流。領導問題多半是和哪一個中心性有關？哪一個網絡有關？答案是情感網絡，情感中心性不足，是最有可能發生問題的病因，一個領導者在情感網絡中竟然很不重要，就表示這個人在日常工作上或許還叫得動大家，但是在碰到一些非例行性工作的時候，就叫不動了。

　　未來型的企業會是網絡式企業，基本上就是一個專案一個專案地在做，就是像電影製片一樣，一部電影拍完，一個團隊的工作完成了，團隊就可以解散了，再來下個專案，又要組織新的團隊。在這樣的組織設計中，專案領導在這種很快開始又很快解散的團隊中，往往不見得有正式權力，所以要用非正式權力或影響力才好叫得動專案成員，而且這種工作常常處理的事情也不是一個例行性的工作，這時就更要靠影響力去帶領員工，所以情感網絡上的中心性對未來型組織的領導是很重要的。

(三)領導者本身屬於某一小團體

領導問題常常肇因於領導人自己是一個小圈圈，往往帶來這個公司的一大堆問題。中國人喜歡向下培養班底，向上培養關係，跟上面的人關係搞好了，上面的人會提拔你，提拔你後你要怎麼辦？就搞一個班底作為親信，提拔他們，他們就可以幫你辦事，以集團的力量做事情。

聽起來好像很有道理，但一旦形成了這樣的小圈圈之後，最大的問題是自此之後很難再公平處事，你作為一個領導人就很難再展現你的正直與無私，不斷地為私人私事破壞規矩，領導人破壞規矩的結果，圈外人就不服氣，集結起來反抗，於是造成公司內部士氣低落，乃至於公司內部天天派系鬥爭。

網絡圖中就可以看到幾個小圈圈，領導跟幾個親信搞在一塊成為一個小圈圈，和其他員工卻合不在一起，中國社會往往最容易發生的領導問題就是這種問題，對自己人一套標準，對別人是一套標準，正是社會學大師費孝通所說的「差序格局」，對自己人的時候凡事都好說，對外人就是「沒關係便有關係」，結果人心不服。

今天領導人如果帶了一群親信，就只有這一小群「國王人馬」是聽他的，他的團隊越緊密、越強，表示其他人都不是他的團隊，別人就難以信任他，在處理很多事情的時候，上對下有兩套標準，下對上也是兩個態度，這種領導方式會出狀況，但很可惜，常常在中國社會中，這種領導者還不知道自己已經出了狀況，因為他陷在小圈圈中，變得下情不能上達，變成情

報網絡出問題，底下在幹什麼，領導者根本不知道，其他圈圈的人也懶得理他，不心服，不合作，消極抵抗，直到最後土崩瓦解。

(四)領導者的雙向溝通太少

　　另一個值得分析的領導問題出在領導太威權，只做單向交代命令，卻從來不聽下屬的想法。在網絡圖中顯示出來的，就是領導的對外溝通都是單箭頭的，而非雙向的。雙向溝通才能使雙方的意見獲得齊一，才是有效的溝通。單向溝通顯而易見的問題有三：其一，領導讓屬下離心離德的原因之一就是一直在單方面下命令，卻對底下人的心理完全不了解，以致偏看偏聽，政策不得人心。其二，單向溝通中訊息欠缺反饋的管道，訊息容易被扭曲。最後，單向溝通讓屬下欠缺意見可以表達並受到重視的感覺，久之會產生疏離感，減少對公司的認同。

四、企管個案

(一)問題出現

　　延續上一章的管理個案，矽晶系統公司因為Ev不善領導而面臨了一個管理難題，就是忽然有一個工會想要來他們公司組織工會，在美國這就是一個很嚴重的問題，如果有一個工會到美國的一家公司中去組織工會，任何老闆不得出面用威脅利誘的方式阻止工會的成立，否則會立刻遭到政府的起訴，可能會被判刑，所以這是很嚴重的問題。

　　Steve固然是公司中最有權力的人，但他在這時候也毫無施展權力的空間，因為他不能威脅他的員工說：「你們要組織工會，我就把你們開除」，「誰要敢當工會領袖，我就降誰的薪」，他要做這種事的話就會被起訴，這時候，即使正式權力再高，也不能處理任何事情，老闆只有束手無策。Steve應該利用什麼人來阻止工會的成立呢？

（二）網絡分析

　　從圖9-1我們發現，Chris是情感網絡的中心人物。Chris在此家公司任職多年，也是裝置技術員中的老手。但是由於他的專業知識仍然不比Ev來得豐富，所以無法像Ev一樣，在工作諮詢網絡中占有中心位置。然而在他所屬的部門中，Chris經常非正

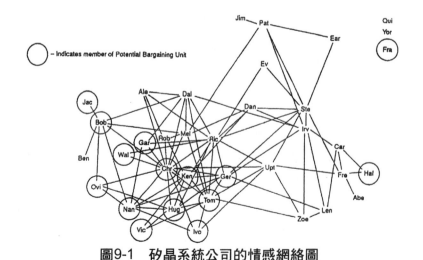

圖9-1　矽晶系統公司的情感網絡圖

式地被推舉為負責裝置電腦設備的工作小組的領導人，他的同事也較樂意與他一起工作，而較不願意與Ev一起工作。

在未跟全國性工會進行接觸之前，Chris非常支持工會活動的目標。他很關心自身與同一部門中其他同事的薪資問題與工作的保障性。當他還未成為負責與全國性工會接觸的成員時，他曾與他的同事討論過他加入工會的可能性。

在可能的談判者中，有三位主要成員強烈支持組織工會的活動，他們分別是：Ovid、Jack與Hal。這三個人不管在諮詢和情感網絡的中介性，都低於兩個反對組織工會的員工Mel與Robin。

Jack與Hal在潛在的交涉單位中，擁有最少與其他員工的朋友情誼連帶（friendship ties）。Jack表達了他對工作待遇的不滿之情，然而他在朋友情誼網絡中是處於邊緣性的位置（參看圖9-1的最左邊），顯示他缺乏對其他同事的非正式影響力。Jack被認為是因個人的怨恨情緒與私利，而支持組織工會的活動。

Hal是代表全國性工會，來組織公司員工的中心行動者。他是最早與全國性工會接觸的員工，也是此項工會組織活動的鼓動者。Hal在組織動員會議中，是代表全國性工會的主要發言人。Hal告訴全國性工會的代表，他有把握他的同事會贊成在公司中組織工會，並幫助全國性工會在此項活動中贏得勝利。所以全國性工會選擇了Hal，擔任進行整個投票活動的領導者。

如同我們在圖9-1所看到的（在圖的右方），Hal並不是情感網絡中的中心行動者。Hal真的是最積極參與組織工會活動的員工，也因此全國性工會才會選擇了他，來擔任整個活動的領導

角色。

然而，Hal並不是對公司員工最具非正式影響力的人士。事實上，他被其他可能的談判者稱爲「不具威力的加農炮」（loose cannon），也不是「重要的一員」（one of the guys）。

擔任非管理性職務的員工中，反對組織工會的人包括了Robin 與Mel。兩人都被視爲是「重要的一員」，而且經常與工會談判者一起在酒吧中喝酒。他們非常積極地反對此項活動，並將他們的看法告訴他們的同事。

如同我們在圖9-1所見，Robin與Mel彼此具有朋友的關係，他們也是一些工會談判者的朋友（包含Chris）。事實上，他們與Chris的朋友情誼，導致Chris 在面對組織工會活動時的兩難處境。因此，雖然他們不是工會談判者，但卻在群體之中發揮了相當可觀的非正式影響力。

（三）策略解決

公司的策略行動是透過反工會的員工影響Chris讓他中立，所以在公司員工與全國性工會接觸之後，這位最具影響力的關鍵人物，並不很熱烈地參與組成工會的選舉活動。他沒負責主持組織動員會議，也很少公開發言。Chris對於是否要在公司中成立工會的態度非常兩難。Chris面對組織工會活動時的左右爲難態度，來自於與好朋友Mel及Robin的交情。

根據Chris最親密的同事所言，以工作爲基礎所建立的連帶關係，並不會導致Chris對於組織工會的活動產生左右爲難之感 。受訪者都指出在整個活動中，Chris的朋友最能影響他的行

為。

　　在Chris的案例中，由於他與同事的認識時間及情感，亦即他的同事中有些人如Ovid強烈支持員工應該組織工會，有些人如Rob與Mel則採取強烈反對的態度，而導致Chris在這項組織工會的活動中感受左右為難的壓力，最後更決定不參與投票。

　　如前所述，Chris認為員工組織工會會對員工的薪資與工作條件產生正面影響。然而，他也認為自己應忠誠於公司。他已經在這家公司工作多年，也漸漸喜歡他的工作與公司的同事。他不想使自己的一些行為舉動影響了公司的正常運作。在這項工會組織活動中，Chris並不試著去領導整個活動進行的方向，而選擇做一個隱身於幕後的人，並且不積極參與會議中各項議題的討論活動。

　　隨著投票日的逼近，Chris對這項活動越覺得兩難。大約在投票日的三個禮拜前，他因為不想面對關於工會活動會議中的壓力而暫時請假。在完成投票後的第二天，他才又回到公司中繼續工作。

　　經過了兩個月的活動之後，Hal加上Jack的努力，不但沒有增加同事對組織工會活動的支持度，反而分化了公司中的幾位同事。再加上反對組織工會的員工（如Mel與Robin）所發揮的影響力，使得在選舉活動期間支持組織工會的員工人數漸漸減少。投票的結果是全國性工會在此次選舉活動中敗北，票數是12比3。

　　一些受訪的員工指出，導致員工無法組成工會的重要原因之一，是因為全國性工會選擇了不具有影響力的員工，來推動

此項活動。

雖然Hal與Jack熱心地參與此項活動，並展開串連支持者的工作，但是，他們並不被公司員工認為是具有影響力的人。他們倆在朋友情誼網絡中是處邊緣位置：Hal與兩位同事是朋友（但這些人都不是有影響力的工會談判者），Jack則只有一位朋友（參看圖9-1）。

公司則重用了Robin與Mel對工會談判者的影響力。Rob與Mel不同於Hal及Jack，他們與許多可能參與工會談判的員工具有朋友情誼的關係，尤其是他們與Chris是好朋友。我們可以從圖9-1清楚得知，如果Chris選擇積極參與此項組織工會的活動，他將可以在整個活動中扮演具有影響力的角色。

Chris原先支持員工組織工會的活動，但是公司卻有效地把他中立了。全國性工會並沒有讓Chris領導整個活動。如果他們讓Chris擔任此項活動的重要領導角色，其他的工會談判者將會依循Chris的意見，並支持此項組織工會的活動。

誰能發揮影響力？我們要研究什麼網絡圖？很多研究結果顯示，工作諮詢網絡的主要人物並不一定能成為情感網絡中的主要行動者，而且不具有非正式的影響力。最令人驚訝的是，Ev在情感網絡中的相對地位。他與公司的總裁Steve及另一位處於邊緣位置的員工，具有朋友關係。和他在同一部門中工作的員工，沒有一位在朋友情誼網絡中與他產生連結關係。相反的，Chris是情感網絡中的中心行動者，他所擁有的朋友情誼能夠跨越功能性與層級性的邊界。然而，他在工作諮詢網絡中的位置卻不比Ev來得重要。

　　我們可以發現，所謂非正式情境的影響力，大都發生在一種非正式場合、非例行工作的地下權力結構。大凡在這樣一個情境底下，你會發覺你的情感網絡會決定這一類型的事件到最後會有什麼結果。比較例行性的工作、正式性的工作，也就是與平常實際業務有關的那些事物，會比較與諮詢網絡有關；但非正式的、非例行的、偶發性的事件，卻常常是用正式權力結構很難控制的情境，這時非正式的影響力就十分重要。

第十章
如何做好知識管理？

一、知古鑑今──中國人的關係管理智慧

　　東漢建安5年，曹操欲伐劉備，將領反對說：「跟你爭奪天下的是袁紹，而今袁紹正從北方來，我們卻去東方作戰，如果袁紹攻擊我們背後，如何是好？」曹操說：「劉備是人中豪傑，今天不採取行動，將來後患無窮。」軍師郭嘉也支持這樣的看法，曹操遂東征。當時冀州行政官田豐向袁紹提出緊急建議：「曹操跟劉備之間，兵連禍結，不可能立即決定勝負。你如果揮軍直襲曹操的後路，可以一舉成功。」袁紹因子病重不願發兵。田豐見失良機，大叫蒼天，大勢已去。

　　隨後曹操攻破劉備，班師駐軍官渡，袁紹這時才正式計畫進攻許縣。田豐建議說：「曹操既擊破劉備，許縣便不再空虛。而且，曹操精於用兵，變化無窮，軍隊雖少，不可輕視，不如按兵不動，等待時機。」袁紹不理。田豐冒犯袁紹的盛怒，竭

力勸阻,袁紹認為他為敵人宣傳,擾亂軍心,下令逮捕田豐,囚入監獄,並宣布曹操罪狀,派兵攻之。後來果如田豐所料,官渡一役袁紹兵敗山倒。有人告訴囚禁在監獄裡的行政官田豐:「你料事如神,以後一定會受到袁紹重視!」田豐反說:「袁紹外貌似乎很寬厚,但內心恰恰相反,卻很猜忌。不會諒解我的一片忠心,只會認為我不斷在冒犯他。如果大軍勝利,心裡高興,還有赦免我的可能;而今戰敗,心頭恚恨,妒性必然發作,我性命危矣。」果真不久之後,袁紹下令誅殺田豐。

對比的一例是,曹操向烏桓部落發動大規模攻擊,將領們紛紛反對,說:「袁尚(袁紹之子,曹操滅袁家後,逃到北方依靠胡人)不過是一個逃亡的罪犯,蠻族貪婪無厭,沒有親愛之心,豈會受袁尚利用?而今,遠出塞外討伐,路途奇險,劉備一定會說服劉表,襲擊首都許縣,萬一發生變化,我們無法反悔。」智囊郭嘉說:「明公雖然威震天下,但烏桓部落仗恃遠在北方蠻荒,一定沒有戒備。趁他們沒有戒備,發動突擊,可以立即破滅。」果然烏桓大敗,但攻打烏桓的路途氣候奇險,當曹操班師之時,天寒地凍,又逢大旱,200里內沒有水源,又缺乏糧秣,遂屠殺戰馬果腹,挖鑿地面30餘丈,才見到水。大軍既平安抵達安全地帶,曹操下令調查最初規勸阻止曹操討伐烏桓的人是誰。大家不知道會發生什麼事,每個人都心懷恐懼。然而,調查之後,曹操依照名單重重賞賜說:「我征討烏桓部落,實在是危險萬分,全靠僥倖,雖然成功,只能說是上天保佑,但這不是正常行動。各位的意見才是萬全智謀,所以獎勵,以後不要閉口不言。」

　　柏楊曰：「袁紹殺田豐，曹操在大勝後，反而獎賞反對他
出軍的諫士，狗熊與英雄，在此分野。狗熊是智從己出、恩從
己出，要處處顯示他比別人英明；而英雄則處處不如人，處處
需要別人的意見，而且唯恐別人不提出跟他相異的、甚至相反
的意見。」曹操能在大勝之後不心高氣傲，反而鼓勵不同的見
解以後繼續發言，誠為英雄人物。

　　當初，袁紹跟曹操一同出兵攻擊董卓，袁紹問曹操說：「如
果大事不成，什麼地方可以據守？」曹操說：「你的意思如何？」
袁紹說：「我南靠黃河，北靠燕代，收容蠻族兵力，南下奪取
政權，豈不是可以成功？」曹操說：「我不在乎土地，而只集
結天下英才，正確領導，在什麼地方都行。」

　　知識管理的議題目前可說是當紅炸子雞，但從以上的故
事，我們主要在凸顯，所謂知識管理其實重點還是在人的管理，
如何使部屬的創意能充分發揮，關係管理提供了一些有別於其
他知識管理的思考觀點，主要強調知識傳播網絡的安排，以下
我們先說明知識管理不良的病徵。

二、知識管理不良之病徵

　　在現代企業經營中，知識管理的好壞，會直接影響一個企
業的績效，甚至影響公司在整體產業中的競爭力。而所謂知識
管理的「好」與「壞」，就在於知識傳播網絡的「好」與「壞」。
組織當中如果知識與訊息流通管道不順暢，則知識無法有效傳
播，就會產生一些病徵。

(一)公司創意不足

　　企業競爭力的心臟其實就來自於公司的創造力，因此，公司中的創意團隊是相當重要的人物。如果這群人的表現不佳，或者彼此不協調，將為公司帶來嚴重危機。因此，如何形成一個創意團隊就相當重要。如果大家都跟自己喜歡的人在一起做事，或者都找與自己很相似的人一起組織創意團隊，那麼知識傳來傳去都是相同的那幾個人，我知道的跟你知道的一樣多，在這樣的情況下，實在很難爆發出新鮮的火花。

　　舉例來說，Tsai和Ghoshal在1998年的研究中就指出，組織當中的人際關係管理和知識管理有很大的關係，因為創意團隊當中的人際關係越異質，大家的思考會更多元，產品創新時所需要的資源才會更豐富。他們針對一個跨國的電子公司進行資料蒐集，在15個業務單位中各找3個經理人來做問卷，觀察他們與別的業務單位互動的情形。結果發現，確實是那些與別的團體互動較多的部門，他們的創新率是較高的。因為人與人之間的關係就是資源，就是資源流通的管道。如果在一個企業當中，創意團隊的網絡活動是死的，人與人之間沒有互動，則資訊流通的重複性太高，無法享受跨學科、跨部門知識的撞擊，則創意就會減少。

　　此外，組織整體結構對創意團隊的創意有極大影響力，若公司僅提供相同枯燥、不流通的工作環境，那麼許多團隊的創意作品都會很相近，重複性會很高。因為大家「收」、「發」的訊息都一樣，一樣的模子會得到相似的創意，公司競爭力就

會受到影響。

(二)欠缺學習精神

　　知識管理不良也會造成員工學習精神不足，產生消極、被動的組織文化。例如我在指導一篇論文進行的訪談過程中就發現，某家公司中，為了鼓勵員工創新，促進現場改善活動，因此要求員工在正式行政工作之外，進行跨部門的「企業改善專案活動」，自動地組織跨部門工作小組進行提案，當然，還包括執行與結案。可是在長期部門主管的嚴格要求下，正式業務與正式業務外的工作產生了時間、精神、體力的不協調之後，員工開始虛應故事：硬著頭皮提案、隨便想出提案內容、敷衍部門主管……等等。所有這些都會造成提案品質不佳、結案率降低、學習力降低的結果。

　　如果公司只是一味地要求提案數，一味地要求員工進行創造與革新，卻不提供員工良好的學習環境(例如獎勵制度、良好的情感網絡與知識傳播網絡結構等等)，則任何創新活動都只會為公司帶來事倍功半的負擔。而員工也只會覺得興趣缺缺，何必辛苦，沒有學習新東西的熱情，終身學習、集體學習或學習型組織都是徒託空言而已。

三、知識管理問題的分析與診斷

(一)資訊網絡不通順

　　創意不足第一個病原就是資訊來源不足，訊息管理不良的

病徵如第八章所述,包括了上情不下達,下情不上聽,所以很多人不清楚公司狀況,公司內因此謠言特別多。

分析一個公司的情報網絡圖,就要看該圖中有沒有小圈圈間的結構洞阻隔資訊流通,其次是看訊息迴路是不是太少,最後要看任何兩人之間是否可到達性太低。這些網絡結構問題都是阻礙創意的原因。

(二)異質性的人之間接觸太少

團體之中的多元性很重要,越是不同部門的人越應該多接觸,因為他們可以引燃「偶發創意」、刺激新知識的產生和新知識的傳播。最主要就是因為不同背景的人混合在一起工作時,他們各自不同的想法和經驗會連結在一起,因此產生新的創見和知識。這也正是社會心理學家所謂的「魚鱗理論」:創新發生在兩種訓練重疊的地方,就像魚鱗一樣。因此對一個企業來說,如何設計一套制度,以刺激不同部門之間的人一起合作、打破專業之間的隔閡,相當重要。有時一個創意的產生不只需要屬於單一專業的人來處理,還需要很多其他業務相關的人一起來合作解決。如此一來,不僅能夠解決工作上的困難和問題,也能獲得適當的資源以協助完成工作。

然而,話說回來,也正是因為大家的背景不同,專業語言不一樣,很容易各有意見、分崩離析,自然而然就會比較不想跟不太熟的人在一起,而比較喜歡跟自己同一部門的人在一起,畢竟相同背景的人總覺得跟自己比較相像,比較習慣,也覺得好像比較不會出錯。例如在韋恩‧貝克的書中就曾經提過

一個例子，他們對研發實驗室裡擁有博士學位的工程師進行觀察，研究者發現，這些擁有博士學位的人態度相當傲慢，他們彼此之間的討論相當頻繁，但是卻習慣性地拒絕和那些沒有博士學位的工程師進行討論。

其實，隔絕團體與團體之間的屏障還有很多形式，專業之外，性別、種族、宗教、年齡都會構成溝通不良的問題、減少不同背景的人相互聊天談話的機會。進一步則會導致有用的知識無法有效傳播，有意義的訊息無法有效流通。

於是，管理者如何引領多元／跨部門團隊進入狀況，就成為一門藝術。他必須想辦法打破人們喜歡跟自己相似的人在一起工作的習慣，輔導員工在一個多元化的團隊當中，與其他部門或單位的人聊天、共事，並相互提供訓練、協助，和知識交流。

(三)研究團隊中情感網絡太密或太疏

研究團隊中，成員情感網絡太密或太疏都不是一個好現象。太密，則大家了解的東西都一樣、認識的人一樣、看的東西一樣、關心與注意的事也一樣，根本無所謂創意的產生或新知識的傳播可言。太鬆，則又互不關心、互不信任、沒有動力去了解別人做的東西是什麼、別人的專業是什麼，也無所謂新知識的產生，因為連撞擊創新點子的機會都沒有。

美國管理學者魁克哈特與Hanson曾經指出，如何讓人力成為公司的資源，和我們怎樣去了解公司中的非正式網絡直接相關；而眾多管理方法中，又以網絡分析方法為測量公司中非正

式網絡的不二法門。他們以美國一家電子公司中跨部門改進小組所遇到的問題為例，以網絡方法測量出這個團隊的諮詢網絡（advice network）、信任網絡（trust network），以及訊息網絡（information network），透過這些資料的蒐集和分析，他們發現這個跨部門改進小組中，三種網絡其實很不協調。例如團隊領導人在專業的諮詢網絡中是核心人物，任何人有什麼工作上的問題、專業上的問題都得問他；但在信任網絡中，他卻是大家都不太信任的邊緣人。這樣的差別，就是造成創意團隊績效不佳的主要原因。

魁克哈特也指出，創新的傳播是一種社會過程。任何一種新觀念、新技術，以及新的管理經驗，都是透過一組關係來進行傳播；然而怎樣的網絡結構適合傳播新觀念，怎樣的網絡結構非但不適合反而有害新觀念或新技術的傳播？魁克哈特創造了一個概念：組織黏性（organizational viscosity）。他以某組織中團體創新傳播（說服）為例，指出有點黏又不太黏的關係網絡最適合快速地傳播新知。也就是說，只有當團隊成員彼此之間的情感網絡不太鬆、也不太緊的時候，才能提供最佳的知識傳播的社會空間。

在社會學大師管諾維特的研究中就指出，當訊息傳播是在不太緊的社會關係結構中傳播時，這意味著這個訊息能觸及更多的人、穿透更遙遠的社會距離。相反的，如果是在一群相同背景的死黨之間傳播，則訊息的流通則有可能在這幾個人的強連帶關係中轉來轉去，不會流傳到其他公司或是其他家庭中，因為人際關係的界線很明顯，傳來傳去就是這幾個人知道而已。

　　我們可以發現，研究團隊中情感網絡如果太密或太疏，皆
有害於知識與訊息的傳播。唯有「有點黏又不太黏」的人際關
係網絡，才可以發揮最大的創新效應。

（四）雙向溝通不足

　　世界上沒有兩個人是完全一樣的，沒有任何一個人可以全
然地體會另外一個人的感受、所知、所想，而能夠用另外一個
人的角度來看這個世界。正如前所述，人與人之間不同的專業、
教育、種族、信仰、年齡與收入等等，都會使每個人對人事物
的看法不一。因此，有效的溝通相當重要。唯獨透過有效的溝
通，資訊與知識才能有效地交流、傳播。何謂有效的溝通？雙
向的溝通為其前提。

　　有些公司因為溝通不良，產生了知識或訊息傳播上的困
難。韋恩‧貝克的書中就舉了一個法律顧問公司的例子，他做
了一份問卷，把合夥人和非合夥人對彼此的期待做了一個調
查，結果發現兩造對彼此的看法不一、期待不一，也難怪這家
公司有每下愈況的危機。因為知識與資訊根本就無法有效溝
通。魁克哈特的論文中也指出了一個銀行的例子，問題緣起於
客戶不滿意銀行的資訊服務，高層經理(top managers)認為，分
行經理沒有把詳盡的資訊告訴那些與客戶第一線接觸的員工，
才會使得客戶的問題老是無法即時獲得解決。過去我們一直認
為，在管理中，溝通越多越好，因此公司鼓勵分行之間多聯繫、
鼓勵員工私人之間的人際互動。然而，在一個對24個分行的研
究中卻顯示這種想法是錯誤的。因為溝通的「量」不重要，溝

通的「質」比較重要。針對在同一個城市中的兩個分行所進行的研究指出，雙向溝通良好的分行，比起那些「上司」——下屬間單向溝通的分行獲利率更高，高了70%。有中央結構和上司制度的公司，員工每天都要向上司報告一天的工作概況，但上司只能處理員工一半左右的問題。我們發現員工很討厭這種狀況，因為重要資訊只能上傳，不能下達。他們抱怨上司冷酷而且遙不可及，沒有讓員工保持消息靈通，生產力於焉降低。但相反的，另外一家分行幾乎都是雙向溝通，員工認為他們對工作狀況常常保持消息靈通，而且工作滿意度也較高。

因此，團隊當中的成員或是共事的員工之間，一定要能夠清楚地「溝通」，所謂的「溝通」並非協商談判，而是要能清楚地「收發訊息」。而收發訊息的先決條件，就是要有雙向且能相互了解的人際關係網絡。

(五)欠缺近便性的地理位置設計

知識與創意可以管理嗎？除了前面提到的幾點之外，還有一種方式可以刺激知識的傳播以及創意的產生；你可能不相信，你一定覺得知識或創意是無形的，帶點天賦本能或神秘主義色彩的東西，你怎麼去控制它說來就來、說有就有？可是許多研究卻指出，物理空間上的刻意安排是可以刺激無形的知識和創意的產生！韋恩‧貝克在他的書中就舉出了好幾個例子，說明這種論點是有事實根據的，比如在英國劍橋的癌症發展生醫學會裡，大樓設計就非常特別，迴廊繞著研究室而行，然後終止於一個開放的實驗室；它這種設計的目的，就是要刺激所

有的研究者都必須經過別人的研究室，才能到達自己的研究室或公共的實驗室中，用這樣的方式增加並刺激研究者之間見面交流的機會。他們都相信，劃時代的創見和重要的對話都是在偶然的見面聊天中創造的，這就是科學創造力的根源！

　　因此，如果你所服務的單位是個密閉的空間設計，那麼請想想，你跟同儕見面談天的機會多嗎？你跟別單位或部門的人熟嗎？跟他們每天見面聊天是否會讓你了解更多從來都不知道的事、學到更多新鮮事？他們如果也了解你的作業流程或工作內容，你們之間不必要的衝突和猜忌是否就可以減少？是否就能更合作愉快？是否還會共同研發出嶄新的合作模式，讓彼此的工作更有效率？

　　透過物理空間上的設計，可以學到更多，工作更有效率。如果你工作的場所缺乏這種物理空間上的良好設計，欠缺與其他部門的人溝通的近便性，那麼你可能每天只能跟固定的人說話，聽見很類似的人地事物，這就會錯失掉許多學習新知的機會以及產生創意的良機。

四、激發創意的外圍環境——矽谷經驗

　　美國舊金山的矽谷與波士頓的一二八公路區同時崛起於1960年代，分別靠著史丹福大學與麻省理工學院的技術支援，以及美國政府的國防、航太定單，而發跡成為美國的兩大高科技產業中心。1970年代裡，一二八公路區的小型電腦，與矽谷的半導體工業俱成名於世界，但此後一消一長，矽谷逐步變成

高科技的代名詞,麻州奇蹟卻成了明日黃花。1965年時,一二八公路區的高科技公司雇用了將近於矽谷三倍的員工,但到了1970年代中期,兩者已大致相仿,今天,矽谷則雇了近兩倍於一二八公路區的員工〔參考薩克森妮亞(Anna Lee Saxenian)所著的《地區優勢》一書〕。根據Electronic Business在1991年的統計,在最快速成長的高科技公司中,1985年矽谷僅以22家比14家小勝一二八公路區,而1990年時,矽谷有39家,一二八公路區只有4家,已不可同日而語。在1992年營業額一億美元以上的高科技公司中,一二八公路區有27家成立在1950年代以前,20家在1950、1960年代,但到了1970、1980年代則只各有14、13家。矽谷卻相反,越是晚近,高速成長的新投資越多,1970年代以前成立的一億美元企業(1992年時計算)只有32家,但1970年代10年內就有28家,1980年代甚至有47家(Saxenian)。明顯的,到了1980年代,一二八公路區在創業投資與新公司快速成長上,已遠遠落於矽谷之後了。

為什麼矽谷能擊敗一二八公路區,摘下高科技產業的冠冕?薩克森妮亞的解釋是,一如開放系統的電腦網路擊敗了封閉系統的大型主機,矽谷的開放系統網絡式組織擊敗了一二八公路區的封閉系統科層組織,從她在書中第二章、第三章的標題,分別稱矽谷為競爭復共享(competition and community),而一二八公路區則是獨立又科層(independent and hierarchy),就可見出她的立論所在。在矽谷,不但新創的高科技公司如雨後春筍,小型企業四處林立,而且公司與公司間往往結為策略聯盟,甚或形成網絡式組織,以共同研發、生產、行銷新產品。共同

研發的例子像昇陽（SUN Microsystems, Inc.），就曾借了兩名工程師與兩台工作站給Weitek公司，以共同研發昇陽所需要的浮點計算晶片（floating-point chip），昇陽承諾分享研發成果。這種聯盟關係往往持續甚久，以Tandem電腦為例，它的23家外包商中有17家維持8年以上關係。

　　相反的，一二八公路區的公司一如東岸大企業，在1980年代以前並不十分重視聯盟關係的運用，即使IBM在1982年時，為了快速發展出IBM個人電腦，以打入剛剛勃興的個人電腦市場，而外包地採用了微軟的作業系統（DOS系統）與英特爾的中央處理器（Intel 80286），但這也只是採購零組件的產品聯盟而已，尚稱不上是技術共享，資訊交流，共同研發的「知識聯盟」。相較於一二八公路區的單兵作戰，矽谷公司間的人員、訊息、技術交流，使公司間不再那麼壁壘分明，所以，薩克森妮亞以模糊的公司界限（blurring firms' boundaries），來說明矽谷公司與一二八公路區公司的不同。換言之，薩克森妮亞以為矽谷的競爭優勢，來自善用聯盟建立組織間關係，組成網絡式組織，從而使矽谷的高科技產業變成一個互動頻繁的開放式社區。

　　薩克森妮亞本人在指出矽谷高科技產業是開放系統的網絡式組織，以及一二八公路區的高科技公司是封閉系統的科層組織後，就十分強調這兩種系統在知識擴散上有極不同的效果。矽谷的策略聯盟方式本身就有「知識聯盟」的性格，透過共同研發、人員交流、知識共享的同盟關係，本來知識就容易穿透組織間的壁壘，在組織間擴散流傳。但是「知識聯盟」只能解釋一部分的知識擴散效果，還有一部分效果則來自矽谷地區的

人際關係網絡。網絡式組織會爲矽谷的工程師與經理人帶來豐富的同業間人際關係,是促成知識擴散的另一項重要機制。

　　一二八公路區的社交生活一方面反映著同業間弱連帶的缺乏,另一方面也加強了這種現象。波士頓地區是美國最古老的殖民地區,當地居民很多都是數代以來就住在那裡,經過長期的互動,社區意識很強,一個教會之內的教友們也有相互往來的傳統,所以下了班後的工程師經常往來的對象是鄰居、教友或親戚。一二八公路區的公司自給自足,缺乏公司間的往來,和當地社區也不甚相容,所以員工的同業間人際關係大都限於公司之內。公司內員工的同歡會固然時而舉辦,但同仁間已無新的訊息可供交換,而且下班後的話題,往往是足球或政治,不會涉及「公事」。相反的,矽谷是一個新社區,高科技公司的員工多半是外來人口,與當地社區、教會甚少淵源,而公司與公司之間的互動頻繁,使得公司員工與其他公司員工也互動頻繁,所以矽谷的工程師與經理人在同業間朋友很多,下班後和同業社交的機會也多,同業間談話的話題往往是投資機會、科技新知以及市場趨勢等等。

　　另外,波士頓地區的文化反映了清教徒的保守風格,一二八公路區的公司十分不情願向外人公開自己的知識,所以和當地的大學或研究單位交流不很密切,也不太參與當地學院的課程安排或進修計畫的擬訂,不像矽谷的公司,連內部演講都會向當地教授、研究人員發邀請函。矽谷人對知識共享的開放態度更表現在同業聯誼會的活躍上,早在矽谷高科技產業起步未久,還遠遠落後於一二八公路區的1960年代,一些同業協會如

半導體設備暨材料協會(Semiconductor Equipment and Materials Institute,簡稱SEMI)、西部電子製造業協會(Western Electronics Manufacturers Association,簡稱WEMA),以及聖塔克拉拉製造商團體(Santa Clara County Manufacturing Group,簡稱SCCMG)等即已成立,在往後高科技發展方向的討論、工業標準的設定,以及策略聯盟的促成上貢獻良多。反觀一二八公路區,遲至1977年,麻州奇蹟已近尾聲中,才有麻州高科技協會(Massachusetts High Technology Council,簡稱MHTC)的成立,但結果這個協會的主要興趣並不在於社區內高科技的傳播,而是到華盛頓特區對聯邦政府遊說,以爭取更多的國防武器合約。

波士頓與南灣區(South Bay,矽谷所在的舊金山灣南部地區)的都市結構,也表現了集中式封閉系統與分散式開放系統的差異。波士頓像大多數東岸城市一樣,有一個明顯的市中心(downtown),中、上階層的居民則居住在郊區。波士頓人有強烈的隱私權需要,喜歡住在樹林環抱的房子裡,所以郊區各鎮〔town,像列克星敦(Lexington)、康科德(Concord)、威靈頓(Willington)等〕會規定每0.5或1英畝,甚至2英畝地才能蓋一幢房子,致使郊區分布極廣,甚至遠及新罕布夏州。波士頓人下了班常常要搭半小時的地鐵,再在高速公路上開一小時的車,才能到家。一二八公路區就在這個郊區的森林海中,高科技公司則有如海中孤島,各公司間的聯繫以及和市中心的交通都十分費時,以至於DEC自己有機場,用直升機從事地區交通。南灣區則採分散式城市設計,每一個城市〔city,像帕洛阿爾托(Palo Alto)、Fremont和聖荷西(San Jose)都是城市〕都有自己的商業

區、住宅區與工業區（無煙囪工業），而沒有明顯的市中心（北灣區的老城市，如舊金山、奧克蘭就有高樓林立的市中心）。這種住、商、辦公混合在一起的設計，使得通勤時間很短，同業人口也較易聚居一處。當波士頓人趕著塞車回家，享受遺世獨立的家居生活時，矽谷人還在公司附近的商業區內，喝著咖啡與同業閒聊高科技的未來呢！

網絡式組織為矽谷帶來豐富的同業間弱連帶，同業間的頻繁互動又成為日常生活、地區文化的一部分，不管是矽谷的文化、社交生活以及都市結構帶來了網絡式組織，還是網絡式組織在矽谷城市近40年來的發展上，造就了它特有的文化、生活方式以及都市結構，這些環境因素為矽谷帶來較多的同業互動，則是不爭的事實。依據第三章中所述的「弱連帶優勢」理論，一二八公路區的公司就像是一個有很多內部強連帶，卻很少外部弱連帶的小團體，訊息會在公司裡傳來傳去而傳不出去。相反的，矽谷的公司卻是外部弱連帶很多的組織，在資訊傳播上有著明顯的優勢，所以建立了較為靈動的情報網，這為矽谷帶來了兩個方面的競爭優勢。

五、企管個案

(一)問題出現

如同第五章所說的個案，David Leers自認為他非常了解他的員工，15年來，公司培養了非常多專業優秀的人才，尤其是在辦公資訊系統的現場設計方面有良好的口碑。但在公司轉型的

過程中，如前所述，爲了說服這些員工接受公司這種新的發展方向，Leers決定讓這些員工共同參與整個公司流程再造規畫的過程；於是他組成了一個特殊任務團隊，團隊成員包括來自各個部門的員工，而且是由一位現場設計團隊的成員來擔任領導人，使其對團體產生認同。他想找一個在同儕之間風評跟信用都受到大家肯定的人。而Tom Harris，這個在公司有八年資深經驗的沙場老將，似乎就是個最佳人選。

一開始，Leers對這個團隊抱持正面樂觀的態度，因爲大家針對公司的競爭力都有不錯的討論。然而過了一個月之後，情況卻不然，幾乎沒有什麼進步。兩個月之後，情況更是陷入膠著，因爲每個人各持己見互不相讓。儘管Leers是個很有效率的經理人，Leers和這些人的關係還是太接近，使他看不見真正的問題之所在。

(二)網絡分析

魁克哈特分析這個公司的信任與諮詢網絡，使他對這個任務團隊能有更全盤的了解。信任網絡是最明顯的指標。按照圖10-1來看，Harris是大家諮詢的核心，許多員工會依賴他來解決工作上的一些疑難雜症。然而，圖10-2中我們可以發現，Harris只和Baker有一個連結，在信任網絡中位於相當邊緣的位置。這是這個團隊效果不彰最主要的問題。因爲在諮詢網絡中，他正式的職位使他能夠成爲一個有效率的被諮詢者，很快地協助大家把事情做好；可是在這樣一種特殊任務的創意團隊中，技術能力遠不如安撫不同觀點、讓員工意見一致、產生認同的能力

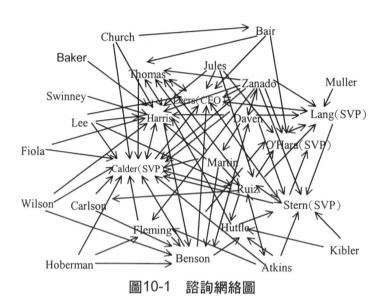

圖10-1　諮詢網絡圖

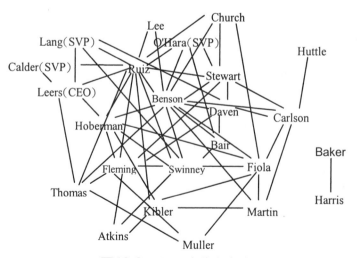

圖10-2　公司實際的信任網絡圖

來得重要。Harris的問題在於，他是一個專業強但獨來獨往的
人，無法關注同儕的不同意見，成員們並不服他。

(三)策略解決

Leers發現這個問題之後，公布了團隊的失敗；可是他並不
想馬上叫誰走路，這樣誰也不好看。所以他想重新審視這個團
隊的信任網絡。

他發現，Bill Benson是一個可以輔佐Harris不足的人物。
Benson是一個會令人感到溫暖、親切的人。在Harris所建立的專
業連帶中，Benson處於核心。由Benson來發號施令，告知所要
處理問題的範疇以及時間的壓力。三個禮拜之內，效果明顯改
善。因為大家都相信Benson是一個會顧及到團隊整體利益的
人。因此大家開始放下身段，彼此更開放地討論。接下來的兩
個月，這個團隊更為公司提出了新的策略方向；也由於團隊中
大家合作愉快，事實上也有助於公司各個部門之間的整合。

六、關係管理實戰——創意環境評估

以下取材自韋恩・貝克之公司創意環境良好與否的問卷，
測驗一下看看你的創意團隊是否在良好的環境中：如果以下的
問題你的回答是「是」，那麼恭喜你，你已經為員工創造一個
適於知識管理的環境，如果多半是「否」，那麼還需要加油，
考慮如何改善現況。

經營偶發創意

近便性與空間上的設計

- 將各自分離的團體統合入一個物理空間中。
- 租借一個暫時性的設施以安置團體。
- 透過輪調以及暫時性的派任刺激多個地理位置的整合。
- 創立工作計畫團隊,一個將來自不同地方的人們聚集在一起的工作團隊。輪替他們的成員資格。
- 採用一個開放辦公室的設計,捨棄私人辦公室、隔間,還有障礙。這包括了管理人,不只是下屬。
- 讓團體定期聚會。
- 重新安排新的設施讓成員在心靈上更親近。

守門人與聯繫人

- 派任並酬庸作為團體間橋梁的聯繫人。
- 查出誰是非正式的守門人以及聯繫人。
- 建立團體間正式的聯繫人。
- 建立團體間的溝通管道〔例如坦南的偵錯鑑定系統(error cause identification,簡稱ECI)系統〕。
- 建立定期和其他團體協商的團體會議。
- 指派雙重的報告關係,為此,團體必須向不同的部門進行報告。
- 參與建制外部的會議、貿易協會的會議、專業社群,以及其他有工作關係對象的集會。
- 發展內部的公開討論會以交換資訊,比如每周一次的午餐會報、偶爾一次的外來演講。發起和其他公司以及其他產業共同參

與的會議。
- 從團體外部招募新兵作為團體的眼與耳；銷售員、顧客、服務人員、供應商，以及其他等等，都可作為守門人以及聯繫人。

團體成分
- 確定一個團體包括了必需的專業及學科的人才。
- 如果團體中尚未包括管理者，增加一位。管理者的工作就是要協助確保資源、訊息取得，並解除障礙，而不是要負責或指導這個團體。
- 確定團體中的成員對問題的解決都有第一手的經驗。
- 確定團體中包含了直接被團體的工作影響的人。
- 透過增強團體成員對新知識或人際手腕的訓練，來增加團體的多元性。
- 在團體間輪替成員；讓人們同時在不同的工作團隊中工作。
- 招募並雇用你所需要的天才；請調一位或給一個臨時任務亦無妨。
- 增加一張外卡——一個完全不同的人——一個會煽動事情的人。

第十一章
如何管理工作團隊？

一、知古鑑今——中國人的關係管理智慧

淮陰人韓信，最初家庭窮困，而他自幼便是一個小流氓，既沒有善良行為紀錄，不能被任命擔任公職，而他又不會經商。有時到別人家混碗飯吃，有時索性乞討，人們對這個遊手好閒的年輕人都十分厭惡。有一次，韓信在城外釣魚，卻釣不上來，飢餓難忍，一位正在洗衣服的老婆婆看見，給了他一頓飯。韓信感激說：「我將來一定重重報答妳。」那婆婆生氣的說：「大丈夫不能養活自己，我可憐你才給你飯吃，豈是希望報答？」

稍後，項梁渡淮河北上，韓信攜帶他全部家產——一把寶劍，前往從軍，當一名低級軍官，沒沒無聞。項梁失敗，又歸屬項羽，項羽提升他當宮廷禁衛官。韓信屢次向項羽貢獻意見，項羽都不採用。

劉邦進入漢中，韓信了解他在項羽的西楚王國不能再有發

展,於是逃走,投奔劉邦的漢王國,沒有受到注意,當一名倉庫管理員;不知道犯了什麼法,被判死刑。法場中,同時執行的13人全都斬首。斬到韓信時,韓信抬頭仰視,正好看到監斬官夏侯嬰,叫說:「主上難道不打算統一天下,爲什麼殺壯士?」夏侯嬰驚奇,又看他相貌堂堂,立即開釋。相談之下,大爲高興,向劉邦推薦,劉邦提升他當糧食部督察,並不認爲他有什麼特別。韓信常跟宰相蕭何接近,談論軍國大事,蕭何至爲欽敬。

然而,劉邦自到南鄭,將領士兵們流涕悲歌,思念故鄉,很多人在中途就潛逃東歸。韓信揣測蕭何已經向劉邦屢次推薦,劉邦並沒有反應,前途不可能再有發展,於是也棄職而去。蕭何聽到韓信逃走的消息,來不及向劉邦報告,翻身上馬,星夜追趕。有人向劉邦報告:「宰相也逃走了。」劉邦如雷轟頂,倉皇失措,好像失去左右手,不知如何是好。過了兩天,蕭何出現,前來晉見,劉邦既怒又喜,問他:「你爲什麼逃走?」蕭何說:「我不是逃走,而是追趕逃走的人。」劉邦說:「他是誰?」蕭何說:「韓信。」劉邦罵說:「將領們逃走的有十幾個,你不追,卻去追個韓信,他媽的胡扯些什麼?」蕭何說:「那些將領不足珍惜,我們很容易物色到。可是像韓信這種天下奇才,無人可以相比。大王如果打算一輩子當漢中王,可以不要韓信。如果要奪取天下,除了韓信外,再沒有第二個人能幫助你,現在只看大王怎麼決定。」劉邦說:「我當然要回到東方,怎麼能長久悶在這裡。」蕭何說:「必須確定東進政策,對韓信才有意義,韓信自然會留下來。否則,我們留不住韓信。

即令暫時留住，他也終會逃走。」劉邦說：「看你的面子，請
他當將軍。」蕭何說：「僅止當一名將軍，韓信不可能留下來。」
劉邦說：「好吧，請他當武裝部隊總司令。」蕭何說：「那太
好了。」於是劉邦傳令韓信進帳。蕭何說：「大王待人，素來
驕慢無禮，現在任命一位武裝部隊總司令，竟像叫一個小孩子
一樣那麼輕率，韓信所以溜掉，就是為此。大王如果決定，那
麼就得選擇一個良辰吉日，沐浴齋戒，設立高台，然後登台拜
將，典禮隆重。」

　　為什麼蕭何強調要典禮隆重地登台拜將？原因就在於韓信
原先的出身低微，並且要將其空降在全國武裝部隊的總司令位
置，許多原先的將領肯定不服，若沒登台拜將的儀式，韓信一
開始想領導其團隊，恐怕會碰上許多釘子，所以藉由登台拜將，
許多將領雖不知韓信有何能耐，但一看主子劉邦都對其如此仰
賴，至少一開始會接受韓信的領導，有利於韓信未來統兵帶將。
蕭何推薦韓信做方面大將，獨立作戰，無威不足以服眾，所以
才在出兵之前，藉劉邦之威以為韓信之用。

二、重要概念

(一)成功團隊的網絡特質

　　未來是網絡式組織的時代，網絡式組織就是工作團隊所組
成的組織，於是如何組織工作團隊以完成專案計畫，就成為一
個組織要達成的最主要目標。另外，公司現在都強調teamwork，
也就是團隊合作，團隊學習，什麼都在強調團隊，組織團隊與

管理團隊就成了首要的管理問題。而獨立團隊更是不能用威權以及規範就控制得好的，做好關係管理才是根本。

　　一個團隊要如何才能精誠團結？上下兩側全面的關係管理是其根本，團隊的任何人不管是對上對下、對左右同儕，都要把他們當作朋友一樣的將關係經營好，使團隊合作無間，齊心成事。如何與別人合作？很重要的法則是互信和互惠，這永遠是關係管理最主要的法則。

1. 互信

　　互信的第一個要件就是相互誠實。我們常見到中國人做關係的一個特質就是和稀泥，這種人常被當成好人，因為這種人不願傷害別人，所以就常說一些謊，所謂白色小謊沒有關係，當然有時說點善意小謊是有必要的，這也是重要的社交技巧，但有時該要誠實，不能因為怕傷感情而不說實話。但是我們常常會發現，一個不能在這些事上誠實的人，常常留下來的問題就是人家不再相信他的每句話。另外，有些人很喜歡誇張，喜歡藉一些事來拉抬自己的身價，三分話講成十分話，當時來看可能沒有問題，但當這些不誠實慢慢累積，就會破壞人家對他的信任。

　　互信建立的第二個要件就是要有同情心、同理心，能夠相互了解、相知，還能夠相惜。兩人能夠相互了解，能夠去傾聽一下對方，能夠看重對方、尊重對方，是建立長期互信很重要的一步。人大凡的一個問題就是總認為自己很偉大，自己不偉大沒關係，還是要把自己說得很偉大，免得自己信心不夠。為

了證明自己很偉大，就要把人家說得很藐小，自己才能變得很偉大，很容易以輕視人家來抬高自己，一旦這樣做的時候，你的態度就是激怒對方的最主要原因，對方覺得你不可理喻，你們之間的互信就會被破壞殆盡。所以說，能夠傾聽對方、欣賞對方，是能夠互信的起點。

　　不要把這些道理想得這麼難，在實踐的時候其實很簡單，只要記得一件事，如果這個人你實在是看不上眼，就不要去跟他合作。真誠的欣賞是真實合作的開端，為了一個你不是能夠真心誠意合作的原因而去跟人合作，根本就欠缺了最基本的互信基礎，保證這種合作是利益之交，很快就會出狀況。既然是利益之交，下一步就是分贓不均，大家都想多分一點，分到最後就會分出問題來。互相相信才能夠精誠合作，否則一定不能長長久久，善始善終。

2. 互惠

　　有的人講到情感的問題就非常柏拉圖地認為，感情就是感情，感情不能夠有任何利益。在職場上沒有利益分享的話，再好的感情還是會出問題，所以任何合作都要雙方有互惠的精神。

　　成功的合作一定要有一個互惠分享的機制，能夠各取所需最好，比如我好名你好利，錢歸你名歸我，保證兩個人都滿意。最好找得到一個人跟你在各取所需的過程中互補，他把錢看得很重，你把錢看得很輕；你把名看得很重，他把名看得很輕，這時候他把名給你他覺得損失很少，你覺得你得到很多，你把錢給他你覺得損失很少，他覺得得到很多，合作就會精誠團結，

因為兩人較不會搶資源。萬一發生了兩人都想搶相同資源的時候，有一個原則很重要，就是前面第六章中提到的「吃虧便是占便宜」的精神，一定要有一點點吃虧精神，才能夠跟別人合作，而往往合作則可以帶來雙贏，因為合作成功可以得到更多。更何況你認為吃虧了，實際上不一定吃虧，為什麼呢？因為人總是看到自己的辛勞，沒看到別人在做事，總是高估自己的才智，而忽略別人的貢獻，所以在分報酬時，也總會認為自己居功較多，所以如果你認為你們兩個一人做一半的工作，則記得一定要給對方六分給自己四分，對方也有這種想法的時候，合作就更愉快了。否則兩人都喜歡斤斤計較的話，絕對沒有平衡點，保證很快地就利益分霑不均，大凡各式各樣的合作，到最後會爆發出問題來的，最常是「利益分霑不均」，所以互惠是一個非常重要的原則。

(二)如何找出適合的團員？

要怎麼去管理一個團隊，使一個團隊非常成功？首先，哪些網絡圖是有用的？答案是：一個是諮詢網絡，一個是情感網絡。假設這個公司有300個員工，就把這300個員工的諮詢網絡與情感網絡圖畫出來，選擇那些有關係的人來組成團隊核心。第二，要做什麼網絡分析？網絡分析中哪些是值得看的？如果這300個員工中有15個員工被公司抓在一起形成一個團隊，到外國去處理一個包給他們的大型個案，請問一下，你如何評斷這個團隊會不會成功？

1. 誰是領導者？

團隊領導人的中心性很重要，一個情感中心性很高的人對團隊的影響力也會很高，我們都知道一個團隊一旦離開公司，實際上很難用正式的威權控制，尤其有可能這個團隊的領導在正式權力結構中的層級，比他的團隊成員還低，而且這種團隊常常是任務編組，一次任務就結束，所以比較難用正式權力去控制團隊。領導如果是一個情感中心性很高的人，就可以用影響力來帶動大家，同樣的，工作一旦發生協調不良的時候，領導也可以有足夠的影響力去當協調者，使大家的工作方向能夠趨於一致，而採取一致的行動。

2. 誰當聯絡官？

團隊關係網絡的密度是另一個重要因素，對內、對外關係密度太疏的團隊都一定有問題，因為團隊需要有在情感網絡及諮詢網絡上對外連結的聯絡官，以協調團隊與其他團隊或部門的一致行動。要選擇團隊成員的時候，假設他們到外國公司去做事，外國公司這個專案計畫可能跟我們的工程部門有關，也可能跟我們的設計部門有關，團隊最好就有一個聯絡官跟這些部門能保持良好的情感關係或諮詢關係，使知識的傳遞流通，也使團隊與外國公司的配合人員協調良好，溝通無礙。另外，如果此一計畫不是單一團隊就能完成，還需要公司內其他團隊或部門的支援，則必須選一些與相關部門保持良好情感關係及諮詢關係的人加入團隊，作為聯絡官，這樣團隊才能夠跟其他團隊或是其他部門保持非常良好的協調。

所以選擇團隊成員時，除了情感中心性高的人適合當領導人之外，還要有一些情感及諮詢中介性高的人加入，因為中介性高的人很容易擔任與某一個部門或某一個團隊的聯絡官，這種人在團隊中就很重要，可以協調這個團隊跟別的團隊的合作行動。

三、企管個案

(一)問題出現

這也是魁克哈特所研究的一個個案。Stevens and Cray是一個紐約老字號的法律事務所，有217個律師在其中，處理大公司及有錢人的個案，在業界十分有名。該事務所現今有29個合夥人，都在事務所待了20年以上。

這個事務所並無正式組織圖，權力核心是在管理委員會，各律師各自打自己的官司案子，管理相對十分鬆散。事務所分成了四個部門，分別是刑事、家庭官司、民事訴訟以及法庭辯護。其中法庭辯護是該所主力，也是在業界出名的原因。問題出來了，事務所權力核心機構管理委員會發現在遲緩成長的經濟中，公司的擴張似乎太快，而且民事訴訟的兩個知名律師離職。法庭辯護爭到了兩個重要案子，十分引起社會注目，足以增強或折損事務所的威名。結果案子由兩位年輕新銳的合夥人──Johnson和Kennedy負責，但這件事又引發了內部討論決策時的矛盾，以及整個事務所中的一些反彈。

(二)網絡分析

　　Johnson和Kennedy雖然年輕，但在法庭辯護上已頗有盛名，兩年前才以合夥人的資格將他們挖角過來，是事務所中最年輕的合夥人，能力無人懷疑，但人望似嫌不夠。

　　除了法庭辯護有赫赫威名外，其他三個部門其實也都有不錯的光榮史，在越來越複雜的環境中，「科際整合」也變得越來越重要，但過去管理委員會是以法庭辯護的合夥人為主，其他部門的代表性似嫌不夠，所以民事訴訟的兩個知名律師離職，似乎是一個警訊。

(三)策略解決

　　管理委員會面對了這樣內外交迫的情境，決定以提升一名合夥人進入委員會來幫助解決問題，請參考圖11-1的情感網絡圖，選出哪一位合夥人最適合？

　　這是一個重組領導團隊的問題，團隊領導人顯然不是遴選新委員的要項，而選一個好的聯絡官則是事務所當務之急，最後是Quoncet當選，理由是他一加入委員會則：1.委員會與三個較邊緣的部門都建立了關係；2.他可以代表較不一樣的聲音，發表較不同的觀點，以增加集思廣益。當然他也有缺點，就是在委員會中，他有可能與Bishop形成小圈圈，這有賴最核心的幾位委員開誠布公，大家合作(核心領導會選擇較疏的Quoncet而非較熟的Johnson或Kennedy，已經表現出開誠布公不藏私)。

　　Johnson未入選則是因為：1.他進入委員會，刑事部門就還

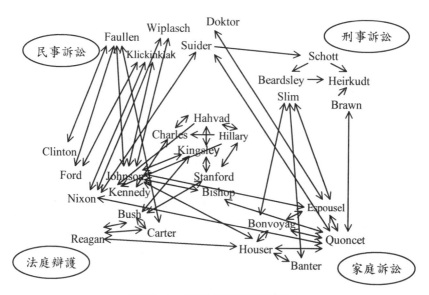

圖11-1　事務所情感網絡圖

是孤島，將來沒人能代表他們，而且讓人更加深了法庭辯護部門的專權；2.Johnson法庭辯護部門中關係太少，只有對上關係，欠缺同僚關係，他的升遷會引起人心不服。

四、關係管理實戰——瓶頸偵查

　　以下取材自韋恩・貝克之瓶頸偵查指南的問卷，測驗一下看看你的工作團隊是否在良好的環境中：

瓶頸偵查指南

指示：思考每一個在你所鎖定的團體間關係的問題。圈選出答案為「是」的題號。

1. 這些團體都有不同的方針和目標嗎？

2. 這些團體中的成員有不同的時間取向嗎？

3. 這些團體中的成員有不同的人際關係取向嗎？

4. 會不會一個團體是以非正式結構運作，而另一個是用正式結構運作？

5. 人們在相同的部門或團體中(相對於跨部門的曲折的職業生涯路線)都會有垂直的職業生涯階梯嗎？

6. 每一個人的角色、責任，以及彙報關係都非常清楚而且定義明確嗎？

7. 團體間會受時／空的影響——不同的辦事處、樓層、調職、時區等等——而分開嗎？

8. 是否缺乏指派的人作為正式的橋梁、聯絡者，及整合者？

9. 有沒有任何人是兩團體間唯一的橋梁？

10. 備忘錄、信件，以及其他書面的溝通形式是否比團體間的人際互動更令人喜愛？

11. 你是否缺乏新的電子溝通技術，尤其是同儕間的網路建立？

12. 經理人在跨團體溝通時是否受到明文或不成文的阻攔？他們必須「上樓」獲得准許才能開始做事嗎？

13. 團體間頻繁的非正式互動是否不被鼓勵？在幕僚和線上營業人員之間呢？在專業人員和支援性幕僚之間呢？

14. 褊狹的專業人員取代了通才？

15. 雇人的理由主要看重技術上的技巧？

16. 一旦雇用了，人們只各自在他們褊狹的專業領域中做事嗎？

17. 金錢上的報酬只奠基於個人的表現？你們是否缺乏共同表現的綜合報酬？

18. 你是否經歷了公司爆炸性的成長？（快速的成長必然帶來新進的人員，必須整合進關係網絡中。）

19. 你們是否全球化？（全球化創造了跨時、跨地區、跨國界以及文化差異間的整合問題。）

20. 你們是否已經將組織分散為各個自治的單位（工作團隊），但卻沒有跨單位間的協調（例如工作團隊的網絡）？

　　將回答「是」的題目數加總起來。如果你回答「是」的題目數為5題或少於5題，那麼你所鎖定的團體間的關係是理想的形態（重複對不同的目標團體進行這個小測驗）。如果你回答「是」的題目數在6題到10題之間，那麼可以說你隨時都要準備接招處理瓶頸問題。如果你回答「是」的題目數超過10題，那麼你就有了嚴重的瓶頸問題，團隊與團隊的合作以及團隊對外的合作，將有很多問題，值得提出警訊。

第十二章
如何解決衝突與危機？

一、知古鑑今──中國人的關係管理智慧

　　蜀漢建興6年，諸葛亮冒著嚴寒再一次出師北伐，這一次除了要面對曹魏的大將曹真，更要處理朝中發生的大事。

　　一天留府長史蔣琬來到，原來是為了東吳孫權稱帝而來，這是給以漢統自居的西蜀出了一個難題，朝臣不知如何對付，後主特派蔣琬請教。照理說，曹丕稱帝，西蜀討之，說是「征討篡逆，光漢復劉」，名正言順。現在東吳稱帝，顯然也是背漢叛亂，按理也應舉義討之，但諸葛亮一向主張「聯吳抗魏」，而且克服種種困難達成協議，這才使曹魏兩面受敵，兵力分散，確保東吳、西蜀與其三國鼎立。但現在伐不行，不伐也不行，這可難住了諸葛亮。

　　東吳稱帝的難題還沒想出對策，蔣琬又說出第二件十分難辦的事。中都護江州都督李嚴也在江州築城。周圍十六里，前

後城門命名「蒼龍門」和「白虎門」，儼然是一座皇城。還計畫在城西十里，鑿穿後山，匯通二江，再建一座外城。李儼建這兩座大城，可以防吳、防魏，也可以防備朝廷對他的控制。更有甚者，他還向朝廷上表要求，劃出巴郡、巴西、巴東、涪陵、容渠五郡，建立巴州。由其擔任刺史，開府治事。在西蜀，只有丞相開府治事，這樣做，無疑是想把國家一分爲二，與丞相分庭抗禮，自成一統。

蔣琬說完李嚴的這些無理要求，最後又拿出一封李嚴轉給丞相的私信。諸葛亮當眾開啓，原來是一封勸進書。李嚴勸諸葛亮學曹操故事，受九錫，進爵稱王。眾將聽罷，群情激怒，都主張出兵先討李嚴消除國中之隱患，再討孫權，滅了東吳，再與曹魏決戰。諸葛亮對此突如其來的兩件大事，徹夜不眠思索了一夜。

第二天議事，諸葛亮把徹夜思考的決定公布於眾。強調可以接受東吳的稱帝之說，也可以答應李嚴劃郡立州、開府治事的要求，馬上奏報朝廷派使稱賀和下旨授職。眾將佐聽了大感意外。若說孫權稱帝，丞相面對曹真大軍，鞭長莫及，可以理解，但允許李嚴獨據江州，與丞相分庭抗禮，豈不成了心腹之患？

蔣琬知丞相不是輕率決定，便問既然接受孫權稱帝，就得派一個能幹的使者，奉表祝稱尊號，再結盟好，不知派誰合適？諸葛亮略思片刻，認爲衛尉陳震可充其任，一定不辱使命。

楊儀則道，李嚴心懷二志，大家都知道，當年益州牧劉璋曾委李嚴重任，派他率軍抵抗劉備，不想他率軍降了劉備。於是姜維、馬岱、王平、張翼也認爲，必須派一個有名望的大將

率兵進駐江州，分其大勢，才無後患。諸葛亮也覺不得不防，但卻不能任用名將，使李嚴多心，迫其鋌而走險。於是就調才剛露頭角的陰平太守陳到到永安督軍，又調李嚴之子李豐到漢中督糧，還給李嚴回了一封親筆信。此危機暫時消除。

隨後曹真分散攻擊，諸葛亮兵援不足，隨軍長史楊儀進言，何不趁此機會，調中都護李嚴率江州之兵增援？諸葛亮一聽便知楊儀有調虎離山之意。但要找誰去借調江州的李嚴變成關鍵的策略點。

諸葛亮立刻把李嚴之子李豐叫進帳對其說：「將上表請主上封你為江州都督，替代你的父親李嚴，領兵增援武都、陰平二郡，不知意下如何？」李豐雖在軍中解糧，也知眼前大兵壓境，各路大將都可獨當一面，丞相唯獨放心不下武都和陰平二郡，也只有父親李嚴才能勝任，丞相調其父親北上實是為禦敵計，不得已才動用。且表封其為江州都督，接替父親也是厚待他們父子。於是回說：「但聽丞相調遣，李豐一定替父親守好江州，讓丞相無後顧之憂！」最後李嚴無奈只好接旨受命。這場危機終告解除。

二、重要概念

(一)衝突將發生時之病徵

衝突問題一直是公司管理極頭痛的事情。第八、九兩章提到的矽晶系統公司的個案，其實就是一個勞方和資方的衝突問題，勞方有人認為受到了資方的剝削，所以他要組織工會來保

護勞動者,因而變成兩個團體之間的衝突,我們稱這種叫作「團體衝突」。第二類衝突則是「個人衝突」。

　　一個組織最害怕、最影響士氣、最能夠把一個公司解體的事情,就是辦公室中的權力鬥爭和衝突事件。員工絕對不會像機器人一樣坐在那裡,一個動作一個動作的幫你做事,員工是有情緒的,尤其越複雜的工作就要把越多的人結合在一起,才能做得出來,於是這些情緒上的不良,濫發脾氣,不肯合作,會大量影響工作效率。我們最常見到台灣的一個現象就是派系衝突,譬如說信用合作社最容易被地方派系把持,於是一個信用合作社中兩大地方派系在裡頭爭權奪利,得勝者把會員貸款當作自己派系的金庫,失敗者則亟思如何援引外力以求反擊,形成所謂的團體衝突問題。

　　一個公司有衝突問題最常見的表徵就是:第一,很容易吵架,動不動兩個人就吵架,公司內氣氛因此十分緊張。

　　第二,大家不喜歡講話,互相看不順眼,人與人間猜忌很多,溝通困難。

　　第三,嚴重衝突的時候,我們就稱一個組織被「巴爾幹化」,團體衝突進入白熱化,變成幾個小團體天天互相打仗。

　　一個團體到了那一步,所有的小團體絕對不會再為整個大團體、大組織效力,每一個人都只是在為自己的生存而互相鬥爭,只要是能使我這一派茁壯,什麼手段都使得出來,公司搞得亂七八糟也不管,能夠把我這一派茁壯了再說。中國人勇於內鬥,拙於外鬥,外面做不好沒關係,先內鬥,這叫作「攘外必先安內」,安內的意思就是要把對方鬥倒,把對方趕走,這

樣我們內部才團結。但是殊不知，團結的方法不是把對方趕走就叫作團結，因爲把對方趕走的結果往往是，內鬥大量消耗資源之後，自己這一派又開始爲新爭得的權力分配分裂了，下一步的內鬥又要開始，然後又要繼續安內，這是很多中國的組織常常面對的一個非常嚴重的問題。

(二)問題的分析與診斷

一個公司的衝突問題，要去研究哪些網絡分析呢？情感網絡是第一個要分析的。但情感網絡圖蒐集了之後，要做些什麼分析，才可以看得出問題來？

1.公司分黨結派

如何從網絡圖中看出公司的團體衝突瀕於爆發？首先要看一看到底公司有沒有分成幾個團體，情感網絡如果是幾個人成一個團體，每個小團體之間不交通或很少交通，就會有團體衝突的危險，所以把一個網絡圖拿來一看，看到有這個問題的時候，就知道團體衝突是很可能發生了。

在一個公司「巴爾幹化」的結果，最常見的就是剛剛我們所講的，公司中分成許多對立團體，各爲其私，而不管全公司的死活。舉個例子，像很多政府單位中，就有一群「臨時雇員」與正式職員產生對立，他們未通過國家考試，不同於正式雇員，層級較正式雇員低，也常受正式雇員排擠，於是往往自成一群，完全不融入整個組織，造成即使他們有人跟正式雇員的那一群人交情稍微好一點，就被小團體當作是叛徒，這種情況使他們

更為孤立,變成一個公司中的兩個文化。另外還有一個常見的
現象,就是公司上階層的人和下階層的人會分成兩個團體,其
結果是上層的人永遠搞不清楚下面的情況,而下層的人也以罷
工抗爭、消極怠工作為反抗。還有一種就是台灣社會中最常見
的派系問題,總經理可以搞自己的一派,董事長也搞自己的一
派,於是主流、非主流鬥成一團。

2. 同仁交流太少關係太疏

如何從網絡圖中看出公司的個人衝突已經是嚴重的問題
呢?如果兩個員工在網絡圖中顯示平常有業務往來卻又沒有情
感的連帶的話,他們就有可能發生衝突。比如,一個公司的銷
售部門是最容易和其他部門產生衝突的,因為銷售部門為了衝
鋒陷陣,常常在外面亂給承諾,結果與銷售部門有業務往來的
工程研發及製造部門就常常不願支持這些承諾,而發生衝突。
如果兩個人有業務接觸的機會,尤其又是很容易產生對立的業
務,不妨看看他們的情感網絡圖中有無關係,沒有關係,就容
易發生衝突,而且一旦發生衝突,就不容易解決。反之,問題
就很簡單,因為兩人是朋友,發生衝突的可能性就很低。所以
情感網絡太疏的團體發生個人衝突的危險性就很高。

3. 缺乏中間調人

發生衝突之後,如果能找到一個我們叫作共同朋友
(common deferent)的調解人,衝突的時候也比較好解決,馬上
找到這個人來當調人,但如果找不到調人,衝突就有可能擴大,

甚至演變成團體衝突。所以網絡分析法就是算出每兩個有可能發生衝突的人，他們的共同朋友到底有多少，以及幾層關係之後才有調人。如果兩兩之間有多條共同朋友，則網絡結構健全，但如果要兩層以上的關係才有調人，一旦發生衝突就很危險，因為得經過很多層關係，衝突才得以解決的話，兩人的衝突便一直得不到解決，就互相越來越恨，越看越不順眼，演變成情緒傳染，帶動了各自團體的衝突。

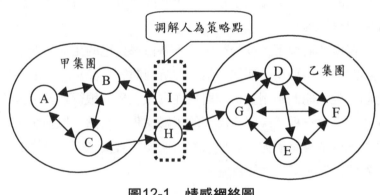

圖12-1　情感網絡圖

三、企管個案

(一)問題出現

　　此為魁克哈特的一個研究個案，研究的是一家銀行的問題。此銀行的問題，是它已經自行分為兩個團體，各自有各自的文化和運作模式；其中一個團體可稱為「日分行」，另外一個團體可稱為「夜分行」。日分行包括銀行出納員、借貸員，

以及行政幕僚等。而夜分行則是由出納員和行政人員所組成。
夜分行在離峰和星期六的時候上班，日分行則在尖峰和禮拜中
上班。兩者的文化從來不曾互相撞擊，兩個團體中的成員也很
少互動。只要客戶不抱怨夜分行，兩者是可以和平共存的。然
而客戶卻指出，日分行的人員很能關心客戶的需要，但夜分行
的人比較冷漠而且無禮；由於夜分行的人不把自己視為公司的
一部分，因此對公司也沒有什麼忠誠度可言。他們被摒除在每
天早上的行政會議和固定正常上班時間之外，所以與銀行經理
幾乎沒有接觸。

在這種情況下，夜分行中的人各自過自己的生活，無法分
享與體會公司願景，無法同情地理解何謂客戶滿意度；因為對
他們來說，他們不用直接面對只在白天上班的銀行經理，因此
連帶地產生一種較疏離與冷漠的組織文化。當然，風險與成本
是由銀行本身來承擔，與個人沒有明顯的直接影響。這樣的情
況對銀行造成相當大的負擔。

(二)網絡分析

在這種情況下，作為一個管理者，就必須找出次文化中的
意見領袖，或俗稱的地下總司令，然後將兩方的人馬融合在一
起，增加彼此接觸與溝通機會。因為日班的銀行經理幾乎不和
晚班的員工互動，沒有情感與溝通基礎，很難讓晚班員工產生
信任感，很難用一種比較正式的權力角度來發號施令。事實上
如果他真的這麼做，恐怕也只是適得其反，弄巧成拙。

因此決策者可以用網絡分析方法，找出主文化與次文化之

間情感網絡的洞，然後將兩個團體當中的重要人物調班，各自
放置到不同團體中，讓其交流，將整個網絡的結構洞建立幾條
橋，不要有訊息的漏洞。藉由這個方式可以強化彼此的接觸機
會，兩方的想法與文化可以相互交融。

(三)策略解決

　　身處於日分行中的經理一直到看見了情感網絡圖之後，才
知道公司有這樣的問題，他最大的挑戰就是要整合這兩個團
體。他決定不去修正現有的正式結構，也不舉辦一些促進公共
關係的競賽活動(因為兩方有可能因為彼此的連帶太強，而對他
方產生更強烈的排斥)，而是採取一種隱秘的方式：他把兩邊的
人各自放到對方的團體中，以擴展彼此之間的非正式網絡。雖
然這樣的作法無法保證能夠出現一個穩定的網絡關係，但是只
要有更多的接觸機會，就有產生新連帶的可能性。

　　第二步，經理將員工訓練的成員打散，有來自兩個不同團
體的人一起加入同一個員工訓練計畫，以刺激互動和溝通。然
後，他也經常調度員工，制訂暫時性的工作計畫和時間表，例
如當日分行當中有人生病或休假時，他就會請一個夜分行中的
員工去代替。另外，他也會重新安排幕僚行政會議，讓全體員
工都能參與。在六個月間，這些都有助於整合兩個文化，並提
高顧客滿意度。對這個經理本身而言，由於和夜分行的人互動，
也讓他發現了許多重要資訊，例如顧客、程序，以及資料庫系
統的資訊等等。之前還沒有這些互動的時候，原來他對部分客
戶的了解，都在錯誤的資料系統上做了錯誤的決策。

四、關係管理實戰──團體衝突評估

團體衝突評估

1. 公司內的成員是否有兩種不同的文化？如果有不同的文化，造成的原因為何？
2. 公司的情感網絡是否有很多小團體？
3. 這些小團體都有不同的方針和目標嗎？
4. 公司成員之間是否沒有太多情感互動？如下班後一起吃飯出遊等等。
5. 小團體的情感網絡強度是否大於整體成員的強度？
6. 這些小團體的情感網絡密度是否大於整體成員密度？可利用內外群聚指標(E-I index)來計算，大於1則小團體密度高於整體密度，大於2則小團體衝突較容易發生。
7. 情感網絡中不來往的團體間是否有業務流程的連結？
8. 小團體之間是否有一些中間人可作為衝突時的協調者？並且有多少個協調者？
9. 小團體之間的中介者是一層抑或兩層的關係？

這也是來自於韋恩‧貝克《智慧的管理關係》(*Networking Smart*)一書的問卷。將回答「是」的題目數加總起來。如果你回答「是」的題目數為3題或少於3題，那麼你所鎖定的團體間的關係是理想的形態(重複對不同的目標團體進行這個小測驗)。

如果你回答「是」的題目數在4題到7題之間，那麼可以說你隨時都要準備接招處理衝突問題。如果你回答「是」的題目數超過7題，那麼你就有了嚴重的衝突問題。

第十三章
A⁺公司的總體關係管理

一、再談巨觀社會資本理論

　　總結前述巨觀社會資本的理論，科曼在其名著《社會理論基礎》一書中指出，社會資本的主要形式分成六種，分別是期望與義務(expectations and obligations)、訊息潛力(information potential)、規範與制裁(norm and sanctions)、權威關係(authority relations)、組織(intentional organizations)以及自發性組織(voluntary organizations)。

　　期望與義務(expectations and obligations)——指的是人與人間的社會交換，受人之恩會有義務要還此恩情，而施恩者的期待也不會落空，如此你來我往，就會增加互信，而樂於合作。這正是中國人所說的「報」的概念，知恩圖報在我們的社會中是無上的美德，過河拆橋與忘恩負義則是千夫所指的大惡，在這樣重義的社會規範下，期望與義務成為中國社會產生人際互

信的最重要來源。

訊息潛力(information potential)──對個人而言，良好的社會結構位置以及眾多的人脈，可以使一個人保持情報敏銳，以獲得關鍵消息。對一個團體而言，這就是資訊的透明，以及資訊管道的暢通，使得多數人都能獲得正確的消息，省去有人要隱藏訊息，人人卻要打探消息的龐大社會成本，更減低了謠言在社會上的殺傷力，增加人與人間的信任感。

規範與制裁(norm and sanctions)──規範是社會上無形的道德約束以及風俗習慣，制裁在現代社會之中則是法律，因為唯有政府才有合法制裁人的權力。在一個大家守法守紀的社會中，我們自然會相信別人的行為合乎社會規範，尤其是陌生人變得較為可信，但在一個綱紀紊亂的社會中，陌生人的行為就變得不可預期。現代社會中，人會脫離小範圍的親密關係，而與很多陌生人互動，不守法成為我們社會進入現代社會時，摧毀人際互信的一個很重要因素。

權威關係(authority relations)──主要指的是權力上的權威關係，但是在多元化、資訊化的當今社會中，這也包含了專業上的權威。當一群人都信賴一個權威的領導時，此一權威可以有效地組織這群人的行動，而發揮集體力量。以往權力上的威權是中國社會另一個最重要的社會資本來源，但隨著今天社會的多元化、民主化與全球化，此一權力上的權威漸漸失去作用，取而代之的是多元社會中不同的面向、不同的專業權威。專業人員如何堅持專業能力與專業道德，以建立人民可以信賴的專業權威，是我們社會轉型中亟思的課題。

　　組織（intentional organizations）——這就是管理問題，好的管理對一群人的合作行為有多重要，已不需我贅言，一個公司如果有清楚的流程，良好的分工，公平的獎酬，有效的監督以及激勵人心的願景，則員工會合作無間，發揮戰力。其實一個社會也要有社會管理，一個較有組織的社會在犯罪預防、公共政策推行、美化環境、防止傳染病等等事情上，都比較有效率。

　　自發性組織（voluntary organizations）——這就是普特南所說的公民行為，一個社會中如果有很多像慈濟或基督教醫院這樣的自發性組織，自然可以組織一股重要的力量——義工及善心人士的力量，創造出有價值的服務。在一個多元化的社會裡，這將成為社會福利與社會安全最主要的一股力量，彼得·杜拉克甚至預期第三部門（也就是非政府組織或非營利組織）在資訊時代，將創造一國25%到30%的國家產出，重要性和第一部門（政府）及第二部門（營利企業）不相上下。

　　大至一個國家，小至一家公司，領導人要有計畫地創造這六種形式的社會資本，才能創造整個團體中人與人的互信，帶來和諧的氣氛，團結合作，發揮整體一加一大於二的效率。吉姆·柯林斯（Jim Collins）經過10年調查，分析成為「高瞻遠矚」（或者說卓越的或A⁺公司）的29家公司（《基業長青》一書中列了18家，《從A到A⁺》一書列了11家）的背後因素，對A⁺公司的很多描述正是在於他們做好了多層面的總體關係管理。下面我們就從這些A⁺公司的管理中去探討總體關係管理的精義。

二、A⁺公司造鐘而不報時

　　柯林斯以為A⁺公司的領導人造鐘而不報時，也就是他建立一個團隊，建立一個公司文化，建立一套機制以「報時」，而不會自己做隻報時雞。換言之，A⁺公司的領導管理重心不在「日理萬機」，面對不斷而來的事情，英明果決地做很多決策，聰明智慧地解決很多問題。當然做出決策、解決問題是需要的，但卓越的領導更重視團隊、制度與文化，不是他自己能解決問題而已，更重要的是，他建立一套機制、訓練一個團隊一起解決問題，不但他在位時如此，他離去後，這個機制仍能繼續解決問題。他不會被眼前的、短線的事物所絆住，而總是看到更長遠更根本的事物。

　　同樣的，從A變成A⁺的公司需要第五級領導。何謂第五級領導？我們心目中出色的領導，如讓克萊斯勒汽車公司起死回生的李・艾科卡，或為資訊時代標竿企業奇異公司寫下奇異傳奇的傑克・威爾許，乃至於創立西屋電器公司的喬治・西屋（George Westinghouse）或創立麥道飛機公司的唐納・道格拉斯（Donald Douglas），這些曾經被譽為時代經理人典範的領導者，無不有著迷人的個人魅力，果決的決策能力，雄心勃勃的企圖心，以及高瞻遠矚的遠見，公司之中，他們就像是眾星拱月一般，發號施令，指揮若定，其他高階經理忙著執行都跟不上強人的快速腳步，而公司之外，他們是媒體寵兒，宣示著願景，拿出傲人的經營績效，還要忙著做公益事業成為社會領袖。柯林斯訝異

地發覺，其實他們在位時，公司股價長期表現並不勝於這些A⁺
公司，而且他們之後，往往會有「後強人時代停頓」的現象，
甚至這些公司只保持了一時的卓越，最後卻逐漸衰微，不免淘
汰於新一波的競爭之中。他們並不會創造百年基業、永續不斷
而長保卓越的公司。

　　柯林斯指出第五級領導的典範是：「結合了謙沖爲懷的個
性和專業上堅持到底的意志力。」（頁57）[1]他在《財星》
(*Fortune*)500大企業中，只挑出11家企業符合從A變成A⁺公司的
標準，結果這些帶領公司從A變成A⁺的領導人，都不是赫赫有名
之輩，難怪記者對他們的描述是「安靜、謙虛、矜持、優雅、
溫和、低調、不愛出鋒頭」（頁67）。但若以爲他們內向害羞甚
至優柔寡斷，就大錯特錯了，他們一樣雄心勃勃，一樣高瞻遠
矚，一樣果決明斷，一樣對理想願景有著超常的熱情與執著，
但卻絕不自我中心，更不會讓部屬眾星拱月。遇到順境時，他
們會看到窗外，把功勞與讚美歸給別人，遇到橫逆，他們會看
著鏡子，反省自己應該負的責任，絕不把一切歸於運氣不好。
他們重視公司甚於自己，重視團隊甚於自己，所以總會有計畫
地培養部屬，放手讓下屬做事，務使大家各得其所，發揮潛能。

　　這讓我想起陸遜對老友諸葛瑾的兒子諸葛恪的一段話：「在
我前面的人，我一定扶助他，在我下面的人，我一定彎腰拉他
一把。可是，看你的作風，對上傲氣凌人，對下又一派輕視，

1　以柯林斯著，齊若蘭譯的《從A到A⁺》（台北：遠流出版社，2002）
　一書頁碼爲準。

誰都看不到眼裡，這絕不能奠定恩德。」[2]還記得第六章中曾經說過的諸葛恪的歷史嗎？他自幼有才名，全國人仰望，但遍歷三台，卻得罪三台，最後連他的恩人都不得不下手殺他。當然這是能力不足還不知自我檢討的「強人」，每天表演「謀從己出、智從己出、恩從己出，咻咻然作英明領導狀」（柏楊用語，十分傳神）。柯林斯卻更讓我們看到，即使是真實的魅力型領袖，可以創造一家A級的公司，卻無法建立百年基業，成為A⁺公司，後者的領導不一定有魅力，卻一定會建立團隊，做好團隊內的總體關係管理，建好體制，讓體制自然運行。前面第六章我們提到關係高手不搞關係，意思正是在於真正能做好一個團體的關係管理者，不要看眼前的關係，而要看長遠的關係，不要只看兩兩關係，而要看到整體的和諧。如何促成長期的、整體的和諧呢？柯林斯的分析將幫助我們更深入了解A⁺公司關係管理的秘密。

三、A⁺公司在利潤之上有著務實的理想主義

柯林斯發現在他研究的18家A⁺公司中，有17家較常受理想所驅策，較不受到純利潤的目標所驅策，這是A⁺公司與對照公司最大的差異所在。對A⁺公司而言，利潤是賴以生存的必要條件，但絕不是目的，偉大的公司都建立在一個激勵人心引人渴望的理想之上，比如惠普存在的意義，就在於設計開發和製造最

---

2 語見柏楊版，《資治通鑑》，「三國鼎立」。

完美的電子產品，以促進科學發展與人類福祉，又比如嬌生公司強調它的責任是：「協助醫療藝術的進步為依歸」（頁85）[3]。這些願景從創辦人的理想變成全公司念茲在茲的文化，一代傳於一代，所以A⁺公司總是不會因為短期利潤、眼前資源而迷失方向。

同樣的，從A變成A⁺的公司遵守刺蝟原則。刺蝟原則是什麼？柯林斯舉了一個好寓言，一隻狐狸想了各式各樣的陰謀詭計，想要捕到刺蝟，但刺蝟每一次都是捲成尖刺球就讓狐狸沒轍了。刺蝟不像狐狸那麼一心多用、詭計多端，而是十分重視本質，其他的都置之度外。而一個企業的本質是什麼？柯林斯建議有三件事要思考：一是你們對什麼事業充滿熱情，一是你們在哪些方面可能達到世界頂尖水準，最後是你們的經濟引擎靠什麼來驅動。這三件事被稱為刺蝟原則的三個圓圈，第一圈是理想與願景，第二圈是核心能力，第三圈是如何把核心能力落實成賴以生存發展的利潤。

刺蝟原則十分重要，也是關係管理的第一要務，一個公司必先釐清自己的三個圓圈，然後謹守原則，不為短期目標、眼前利潤或額外資源而自毀原則。這三個圓圈我喜歡稱它為A⁺公司的「基本理性」，也就是絕不能因為意識形態、情感因素、外在壓力或利欲薰心而有任何妥協，面對選擇時必須保持高度理性，為長久利益而犧牲掉眼前的好處。同樣的，一個善於經營長期關係管理或總體關係管理的人，一定要「有為有守，有

3　以真如譯的《基業長青》（台北：智庫文化）一書頁碼為準。

所爲而有所不爲」，套用第六章所談的概念，就是關係管理高手要知道什麼時候切斷關係,這關係與這三個圓圈所形成的「理性」相衝突時,我們寧可得罪人也要堅持理性。堅持不了,寧可危邦不入,亂邦不居,馬上走人,也不能有所妥協。這並不是泛道德主義,把所有關係都視爲走後門的工具而拒之千里之外,那反而是不近人情的,在人情社會中,講人情是必需的,對自己好,對團體也好,但是講人情不是要當鄉愿,何時要切斷關係、哪些是不能讓步的原則,三個圓圈所形成的基本理性正是最重要的判別標準。

三個圓圈中第一重要的就是願景與理想,是真正能激發自己熱情、可以生死以之的理想,也是可以感染別人、激勵人心的理想。很多組織行爲的研究都指出,願景分享是組織公民行爲（organizational citizenship behavior）以及組織忠誠與承諾（organizational commitment）的最主要因素,本人的研究也發現,願景分享是組織社會資本（organizational social capital,就是公司內的巨觀社會資本,公司內人與人互信並合作）的重要因素,這是爲什麼願景宣言成爲今日公司管理的重大要務之一,因爲願景分享可以帶來公民行爲──也就是科曼所強調的自發性組織,進一步地,更可以促成人際互信與主動積極的合作行爲。

不過,連董事長自己都記不得、只在員工大會上宣讀的願景宣言,是不可能激勵人心的。願景一定要被堅持,不惜重大犧牲也要堅持,默克大藥廠會爲非洲黑人研發河盲症的藥,當然知道非洲人付不起價錢,所以只好免費贈送,這樣做只爲了

他們製藥濟世的願景。只有被灌注了熱情的願景，威武不能屈、富貴不能淫地堅持到底的願景，員工才會感動，才願意分享，公民行為才會產生。領導階層自己都不相信、拿來當口號的願景，騙得了員工一時，也騙不了一世，人們遲早會看穿它的虛偽。

四、A⁺公司保持理想，但也有追求進步的驅策力

　　難道A⁺公司是理想主義狂，固守著意識形態而拒絕改變嗎？當然不是，剛好相反，A⁺公司勇於改變而且經常改變，因為A⁺公司自覺永遠不夠好，永遠不敢自滿，還要追求更好。柯林斯發覺它們會設定膽大包天的目標而全力以赴，比如波音公司要製造史無前例的巨無霸飛機波音七四七，IBM投入50億美元建造IBM360系列，足以淘汰現有的所有電腦產品，而使自己的業績一度一落千丈。

　　我們常以為創新發明可以管理，偉大的創新都來自偉大的計畫、對市場深刻的了解、資源有效的調度、計畫過程嚴密的控管，但實際上，柯林斯指出這樣的發明不是多數，大多數的偉大創新是意外，而A⁺公司會創造一種環境使得意外的發明可以出現，然後明智地汰弱留強。3M發明低黏性貼紙，杜邦發明烤漆，輝瑞發明威而剛，馬立亞旅館會肇始空廚業務，一家快遞公司美國運通會創造信用卡，其實都是意外。這和我們第十章知識管理中所強調的一樣，我們很難管理創新發明的過程，但卻可以管理創新發明的環境。A⁺公司會創造各種追求進步的

機制，比如3M公司就給研究人員自由支配15%的資源做自己有興趣的事，英特爾更強調企業內創業，讓工作團隊分紅分利，以鼓勵自動自發的創新行為。默克大藥廠更禁止市調人員把市場考量帶給研發團隊，以保持研發人員的自主性。

　　當然百家爭鳴百花齊放的環境固然重要，但公司資源是有限的，哪些計畫值得繼續，甚至全公司投入資源，哪些計畫又必須叫停？哪些計畫成果值得投產，哪些卻不會有市場？發明只是成功產品的前半部，但量產是否可能？有無市場價值？產品定位與行銷如何做？推出產品的整個流程是什麼？這些需要其他的專業判斷。為什麼A⁺公司能夠判斷正確而汰弱留強？因為它們尊重專業，建立專業上的權威，甚至不能因為願景理想而蒙蔽專業的判斷，更不用說因為短期的利益或人際關係的因素而扭曲專業。河盲症藥劑能不能賺錢是專業判斷，不能賺錢還要投產那是對願景的堅持，因為這個藥滿足默克的理想，就「硬拗」說它很有市場，那是對專業的侮辱。A⁺公司絕對尊重專業的權威，連願景的意識形態也不能蒙蔽專業判斷。

　　A⁺公司在追求進步的時候絕非一帆風順，它們一方面看著高遠的理想，一方面又務實地解決眼前困難。柯林斯就指出，從A變成A⁺的公司都能夠面對殘酷事實，卻絕不放棄信心，他們相信史托克戴爾（Jim Stockdale）弔詭：「不管遭遇多大的困難，都相信自己一定能獲得最後勝利，同時，不管眼前的現實多麼殘酷，都要勇敢面對」。

　　這句話的前半段強調的是願景分享，基於對願景的執著而有信心，基於信心而勇往直前堅持到成功為止。這句話的後半

段卻強調的是資訊透明。人都有一種心理傾向選擇自己喜歡聽的去聽，理想主義的人更常常變成意識形態狂，故意扭曲訊息，蒙蔽事實，自我陶醉，才能勇往直前，堅持到毀滅為止，這反而是A⁺公司的大敵，所以柯林斯強調是務實的理想主義。而務實的第一要務就是面對事實，讓事實呈現，讓資訊透明──也就是科曼所強調的資訊潛力，沒有正確資訊的理想主義是逐夢，而不是築夢踏實。

資訊不透明不只是下面欺矇上面，更可怕的是上面蒙蔽下面。基層人員固然因為推諉塞責，打壓同事，追求升遷而要隱藏資訊，上面的人更可能因為自吹自擂、自我陶醉，而間接鼓勵了員工報喜不報憂。但更令公司恐懼的卻是領導自己的不誠實，打著公司安全之名包庇自己狗屁倒灶之實，或靠著隱瞞資訊創造自己與下屬間的資訊不對稱，而能智從己出、謀從己出、作英明領導狀。資訊的不透明，讓上上下下都無法找出真相，無從面對現實。警訊常常是見微知著的，危機要在剛出頭時立即處理，但上下交相以隱瞞資訊來謀取己利時，警訊就會變成喪鐘，危機就會擴大成致命一擊。一群人都陷在理想主義的狂熱中時，很大的危險便是集體資訊偏差，選讀自己想聽的，大家誤信、誤解對自己意識形態有利的消息，集體陶醉，而不知大難將至。

中國人有句智慧名言：「為政在誠」，誠者誠意與誠實，誠意是對目標的衷心擁抱，誠實則是不虛偽、無謊言，盡量做到資訊透明。唯有員工相信領導是誠實的，主管的命令才會被信任，公司內才不會謠言滿天飛、處處在猜疑，也唯有將真相

在所有人面前呈現，大家才能面對現實，克服困難。

五、A⁺公司有著教派般的文化

　　柯林斯發覺A⁺公司都有一種宗教氣氛，員工有著熱忱的信仰，而身心靈全然投入，比如美國百貨業霸主諾思壯（Nordstrom）公司的員工，就把服務顧客達到百分之百滿意當作教條信仰，早上例會中要高喊「我們是一流的」，員工要發自真心想幫助來店的顧客。又比如迪士尼樂園的員工相信自己一定能把歡樂帶給小朋友，看到小朋友快樂就是無上的滿足，好像傳教士看到別人信教就認為功德圓滿一般。宗教行為在營利的公司之中？聽起來怪怪的，但實際上正是願景化為信仰，信仰化為行動力量。宗教能夠帶動信仰者「獻身」的熱忱，鼓勵他們自發自動的精神，在企業中，這一方面強調的就是願景與公民行為。

　　另一方面，宗教又有十誡一樣的規範讓信徒遵守，以及很多儀式不斷強化信徒心裡的這些規範，規範與儀式化為一種有形的文化，一方面制約了人們的行為，一方面也潛移默化了人們的心靈。在企業中，這一方面的表現就是嚴格的企業規範。在迪士尼，員工就有明確的服裝儀容的規範，一切以簡單大方、形象健康，像鄰家的大哥哥大姊姊為準，所以濃妝艷抹或新潮前衛都會受到同儕指正。諾思壯則強調見到顧客一定要笑著相迎，整天愁眉苦臉的人就生存不下去。IBM不但有服裝儀容的規範，而且禁菸、禁酒，鼓勵結婚，以保服務人員形象健康，甚至還有一首公司之歌「永遠奮進」。

　　打心裡自動地遵守社會規範絕不是人類天生的行為模式，而是社會透過社會化過程教導小孩學習這些規範。同樣的，A⁺公司會創造一個培養人才的環境，有計畫地培育高階經理，並讓他們接班。A⁺公司的教育訓練絕對不是加強專業技能而已，更重要的是提供一個社會化過程，讓新員工變成IBM人，讓新鮮人接受「惠普風範」（HP Way）。比如IBM就在教育訓練中傳授員工公司的基本哲學──「三項基本信念」，還有一座占地26英畝的「管理發展中心」，負責員工的教育訓練。諾思壯更有早晨例會這樣的「儀式」，讓員工大呼口號、互相打氣，一定要相信每一個諾思壯員工的服務都是全世界最好的。

　　看過李‧艾科卡的《反敗為勝》，路‧葛斯納的《誰說大象不會跳舞？》，我們總以為大企業的救亡圖存、企業再造乃至於永續發展，要靠不斷地注入新血，只有新領導才能帶來新氣象、新文化。但柯林斯的發現卻剛好相反，在他的18組比較公司中，從1806年迄1993年的資料顯示，A⁺公司這一組只有兩家公司請了外人來當執行長，而對照組18家中卻有15家請過外人入主。這說明了，A⁺公司更重視公司文化的傳承，靠著公司內社會化的過程，讓經理們接受願景，服從規範，只有熟悉公司文化與規範的人才有資格接班。

　　柯林斯另外有一個有趣的發現，從A變成A⁺的公司往往先找對人再決定做什麼。這和我們學的人力資源規畫好像十分矛盾，管理教科書不是都教我們要先有工作計畫，再照需要的工作類型尋找適合的人嗎？但A⁺公司卻往往不是如此，當聯邦快遞看到「像珍妮一樣使命必達」的人才就必先網羅旗下，迪士

尼則到處在找形象健康、散布歡樂、並對小孩充滿愛心的人，而惠普科技要的是一心想讓電子科技服務人群的人。在一個人人自動自發遵守規範的公司中，一個格格不入的人生存下去是十分痛苦的，所以A⁺公司先找符合公司文化的人，至於當下有無工作計畫適合他反在其次，很可能「對」的人會自己創造出計畫來。

六、A⁺公司強調有紀律的文化

如果我們以為A⁺公司裡都是一群充滿熱情、追求願景，而自動自發工作的人，只靠著無形的儀式與規範就人人心中一把尺，自我要求、自我規範，那又大錯特錯了。A⁺公司一樣有極好的執行力，而執行力靠的是紀律。所以柯林斯強調A⁺公司有遵守紀律的文化，不但要有紀律的思考，也就是抓緊基本理性的三個圓圈，一切策略思考都不能違反三個圓圈的規範，同時也要有紀律的行動。有紀律的行動不是憑空來的，合理明確的作業流程與賞罰分明的公司法規，仍是建立紀律的不二法門。

現在是知識經濟時代，公司最重要的資源是知識資本與人力資本而非財務資本，公司管理的是人才而非工人，競爭優勢強調的是快速與彈性而非規模，所以新的管理哲學總是強調員工的自動自發與自主，組織的彈性專精與網絡化，這些當然也是A⁺公司的特質，但過分強調這些而以為A⁺公司只有這些，又是與柯林斯的觀察不符了。諾思壯百貨的員工絕不會因為公司隱形的規範及每天早上的儀式，就自動保持一整天的笑容，這

些之外，諾思壯會送出許多「秘密買主」測試員工的服務行為，沒多久員工就會收到優點缺點的評鑑。另外公司會有一套明確的銷售成長計算方式，讓員工自我評比是不是落後同僚了，還有一套選出「百勝冠軍」或「顧客服務之星」的方法。亞培藥廠則新創了一套「責任會計」的制度，讓每一個經理都可以算出自己的「投資報酬率」，而以這個標準訂定公司的獎懲。柯林斯做結論道：

> 從優秀到卓越的公司通常都能建立起調和一致的制度，也訂定明確的限制，但是他們同時也在這樣的系統架構下，賦予員工充分的自由與責任。他們網羅能充分自律、不須費心管理的人才，因此能把更多的心力花在管理制度，而非管理員工上。

這十多年來，組織正義與程序公平一直是組織行為研究（organizational behavior）中的重要議題，因為很多證據顯示，公平的感覺是帶給員工工作滿足與公司忠誠最重要的因素之一，它間接地促成了工作績效與公民行為。所以公司的法規嚴謹，標準明確，上下一致守法不因人而異，以及良好的申訴管道，是帶來員工績效與公民行為的重要方法。我們都知道報酬差異是這個強調績效的社會裡不可避免的現象，也是大多數人都能接受的事實，但是分配資源的原則是否一致、是否透明、是否明確、是否符合大多數人的期望，卻是每個人都在乎的。賞罰不公、獨厚私人，往往是中國組織管理中最黑暗的死角，也是

帶來內鬥不斷、組織衰敗的主因。

　　過去的科層式組織,法治清明是最重要的管理之道,只是科層原則講究的是工作內容的規定、工作行為的標準以及工作流程的設計,所以公司法規也以規定員工行為為主要內容。強調知識創新的資訊化組織中,員工必須要有自由空間發揮潛力,所以公司法規更重視的是,如何規範行為的結果而非行為的本身,建立遊戲規則,諸如銷售業績、利潤創造、顧客滿意調查,以及市場價值評估等等外在客觀的績效指標,而以業績分紅、教育訓練機會、升遷機會、分派股票與年終績效獎金等等獎勵措施,獎酬遊戲勝出的贏家。法規一樣要一致、透明、明確,並為大家所接受,否則不平之鳴很快會剝奪員工的積極主動。

　　這聽起來十分弔詭,A⁺公司既要像意識形態一樣地堅持理想,又要不斷地追求創新與改變,既以規範與儀式鼓勵員工自動自發、自我節制,又有嚴格的制度評鑑獎懲員工。沒錯,A⁺公司就是能調和陰陽,柯林斯特別以陰陽兩儀圖來說明A⁺公司不是混合陰陽,有時陰多陽少、有時陰少陽多,而是真真實實地讓兩個相斥的特質同時存在於一家公司之中,而且各自發揮得淋漓盡致。同樣的,A⁺公司的領導既重視人情溫暖、關係和煦,但遇上了刺蝟原則三圓圈,專業理性的判斷,以及公司的評鑑標準、獎懲制度,則任何情面不留,必要時切斷關係亦在所不惜。能調和鐵面無私與溫暖和煦並存一爐,才是A⁺公司的總體關係管理。

七、A$^+$公司的啓示

我們發覺傳統的科層式組織創造巨觀社會資本，主要靠的是層級權力上的權威，工作流程設計，明確工作內容（科曼所說的組織），與嚴格獎懲規定（科曼所說的制裁），而A$^+$公司則更強調願景分享與自動自發的公民行爲（科曼所說的自發性組織）、資訊的透明（科曼所說的資訊潛力）以及公司文化、公司規範所要求的員工自我節制（科曼所說的規範）。但是絕不是說A$^+$公司都是一群不受公司節制的員工，在自發性組織、資訊潛力與規範之外，權威、組織與制裁一樣要扮演著一定的角色，只是層級上的權威較不重要了，改之以專業上的權威，管理制度與公司規定一樣要明確、公平，但較不在於規定員工的行爲，更在乎形成公平的遊戲規則與行爲架構，好讓員工在遊戲中自我發揮，追求獎賞。

其實治國一如治理公司，誠如普特南的研究所顯示，缺少巨觀社會資本爲支持的民主政治，會產生沒效率的政府與民粹亂象。威權時代，社會資本的產生來自於權力上的權威，全國上下如一個組織而建立層層級級的管理系統，以及中國社會重視人情而有的回報觀念（科曼所說的期待與義務），這些帶來小群人間的人際互信，以及大社會中的一致行爲與合作行爲，所以社會秩序得以維持。

然而隨著資訊時代全球化的到來，社會多元化了，民智大開，威權不再受到信仰，過去的社會資本已不適用於今日。從

A^+公司給我們的啟示來看，台灣需要更多的資訊透明、專業權威、法治規範以及公民行為。然而我們所看到的民粹亂象卻是政客沒有誠意與誠實，秘密帳戶、政商醜聞一大堆，人民知的權利被踐踏，而媒體又未善盡自律倫理，專業理性與專業倫理更在政治威逼利誘與民粹壓力下蕩然無存，專業權威無從建立。另一方面，中國人原來就不守法不守規矩的習慣則依然故我，政府的公權力不彰，執行效能與司法誠信都受人懷疑，所以規範與制裁的力量不大，再加上中國人「自掃門前雪，不管他人瓦上霜」的民族習性，更使得公民行為不甚發達。老的社會資本已經式微，新的社會資本還無從建立，民粹亂象歷十多年而不止，這正是我們的政治人物與平民百姓要深自惕勵的嚴肅課題。

最近元智大學的講座教授許士軍先生及孫震先生合作了一個台灣社會資本調查[4]，調查發現家人、同事與鄰居依舊是人們最信任的前五名之內，顯示台灣的社會資本仍然來自有互動關係的人，也就是科曼所說的「義務與期待」，而最足以代表專業權威的教授在19個比較項目中列了第7名，只比算命仙高了一名，而代表司法專業的法官更只是倒數第6名，專業理性與專業權威不受信任可見一斑。政治人物情況更糟，總統排了第11名，甚至不如算命仙，立法委員則排了最後一名，更是誠信喪盡。而負責監督政治人物的媒體也不好，新聞記者只得了倒數第四，甚至低於「社會大部分的人」，也就是陌生人，可見我們

4　調查結果刊載於《商業周刊》，第809期，頁58。

的資訊雖多，但卻不透明，太多的羅生門與新聞造假，使得真相不明。當我們有了民主迷思，以為以數人頭方式代替砍人頭的方式就一切決策皆合理時，其實我們得到的只是拉黨結派、密室交易、利益交換以及民粹動員，以不計一切地追求過半數，而忘了投票行為上應該還有專業理性、誠意誠實、法治規範，以及來自人性之善的公民行為。少了這些帶來社會資本的因素，民主是無法開花結果的。

第十四章

長期關係管理——兼論中國人關係管理之盲點

一、中國人關係管理的盲點

談到關係管理，在中國社會裡，很多人都以為自己很懂關係，做生意每天都在拉關係，搞關係個個是高手，老美這個一板一眼、「六親不認」的國家忽然發現了人際關係網絡的妙用，發展出來的關係管理學，對我們而言一定小兒科，野人獻曝而已。但殊不知，其實我們並不真的懂關係管理，我們只是很會搞關係。

中國人搞關係一流，但往往止於NQ第一種能力——看到哪裡有資源就往哪裡鑽，能用到第二、第三種能力——也就是能看清人際關係形勢並利用形勢創造優勢者，往往被認為是有智謀或有權謀之人，但「大內高手」玩關係或操控網絡得心應手

的結果，短期內呼風喚雨，長期下來卻常常帶來個人的不幸，或帶來整個組織、社會乃至於國家的崩解。眼看他起高樓，眼看他樓塌了，在我們社會中屢見不鮮，今日貴為大掌櫃，明日卻成階下囚，這是個人長期關係管理不良的結果。有人榮華富貴風光一時，但卻把整個組織或國家徹底敗壞，留下爛攤子無法收拾，這是總體關係管理不良的結果。中國社會一治一亂，亂世中人民流離失所，人口死傷過半，歷史血淚斑斑，中國人卻無法記取教訓，治亂循環兩千五百年，我們的問題出在哪裡？

我們在長期關係管理及總體關係管理的問題上至少犯了三個盲點：

(一)我們過分重視「關係」，不重視原則

中國人所謂的關係常指的是社會學術語上的強連帶，而忽略了弱連帶——也就是淡如水的「君子之交」——的妙用，弱連帶在訊息傳遞、突破訊息障礙、建立團體與團體間的「橋」、製造商業機會、減少別人操控取利的空間、減少公司內的紛爭機會、創造研發成果、發掘人才、建立市場口碑等等事上，皆有遠比強連帶好的功能。

中國人太重視親密關係，喜歡搞小團體，到哪裡都是一個一個小圈圈，常常變成互鬥的派系，從公司的總經理派對上董事長派，到地方的紅派對上白派，到中央的主流派對上非主流派，這似乎成了我們生活的一部分。其實，美國的實證研究顯示，美國和台灣一樣，一個大團體中的「小團體」不分文化、不分地域，都是製造麻煩的根源，它阻撓了訊息流傳，防礙了

各「小團體」間的相互理解，因此製造出大大小小的紛爭，甚至鬥爭。也是因為一群人關係太密了，所以容易滋生不法，小團體內部信任太強，所以不怕互相出賣而結為同謀，但外部連帶又太弱，對大團體欠缺認同或社會責任感，所以傷害大團體圖利小團體之事亦日日可聞。在台灣，信用合作社不斷出現舞弊而帶來金融風暴，正是因為地方派系把持信合社，形成小圈圈的後果。

　　結果，中國人嘴中的「關係」常常予人負面的印象，與特權、關說、勾結、拉幫結派畫上了等號。關係的正面用途不用，盡用些負面用途，我們久而久之也習以為常，以為建立關係就是要親密到可以搞特權才好。這就是為什麼中國人最喜歡搞關係，但卻最拙於關係管理。美國社會學大師管諾維特就做了一些研究，探討「結組與解組」（coupling and decoupling）的問題。他指出，並不是有關係就有好處，太多的例證顯示，關係太多或太密有時會帶來非理性行為，引發冗員充斥、矛盾尷尬、團體衝突，甚至拖垮公司，這時我們要的是「解組」（decoupling）關係，而不是「結組」（coupling）關係。過猶不及，皆非其宜。沒有關係固然不是「關係管理的智慧」，關係太密、太偏頗也非「關係管理的智慧」，所以天天在想建立關係的中國人並不一定是聰明智慧的關係管理者。中國人應該學的是如何「解組」小團體內部連帶，加強團體間的「橋」，加多弱連帶，這樣才能正面地使用關係，而不會起負面作用。

(二)中國人在關係網絡上欠缺「系統性思考」

簡單地說，台灣人民懂的是人際關係，卻很少人了解什麼是「網絡」。每段關係背後其實是一張關係網絡，它們的網絡結構是什麼？不同的網絡、不同的結構會帶來怎樣不同的資源與利益？關係要有多強，某一資源才可以流通？關係太強了，反而阻礙了資源流通的廣度，我們要如何疏通？什麼樣的結構會造成什麼樣的資源流動的流程？小團體多緊密會引發其他團體的反彈？關係建立得太急迫會引發別人競建關係，競爭會帶來什麼樣的後果？小團體都圖利自己時，會不會引發整個大團體、甚至社會系統的崩潰？欠缺系統性思考，其實也是肇因於中國人喜歡搞「關係」（意指強連帶），搞小團體，小團體內部越親密，互動越頻繁，團體成員的思維也越相近，眼光越局限在一小撮人的觀點中，結果阻礙了系統性思考，只看見「關係」、小團體，而看不見網絡、社會結構系統。

要建立能適應未來的學習型組織，彼得‧聖吉強調第五項修練，也把系統性思考當作關鍵。他的啤酒遊戲給人印象深刻，當製造商、經銷商、零售商都以自己的存貨政策因應市場需求增加時，整個系統在一段時間後幾至崩潰，此時只有放棄本位思考，了解整個系統，才能避免悲劇。打破小圈圈的管見，建立系統性思考，有賴於有計畫地建立更廣泛的接觸管道。同樣的，我們看待一個人，不能只看與他的關係，而更要以系統性思考看到他背後的一張網，以及這張網與你認識的其他網的關係，這些網絡的結構會決定人際關係真正的作用，沒有系統性

的網絡思考，單單從人際關係出發看問題，是難以窺得全豹的。

　　當我們看清關係的系統性發展以及動態變化時，就能夠了解沒有原則地拉攏強連帶，結果往往是我搞小圈圈，也引發別人搞小圈圈對抗，一個小圈圈林立的系統中，一定有「橋」成爲得利第三者，取代我的有利位置。另一方面，這樣的網絡系統遲早會造成總體的衰敗，皮之不存毛將焉附？整個組織潰爛了，組織內的個人又會有什麼益處呢？

(三)我們看關係網絡問題有賴於直覺與經驗

　　其實在經營管理或領導統御上，總有不少人以爲這是天生的能力，或是經驗比管理學識重要，更何況人際關係，運用之妙在乎一心。科學能告訴我們什麼？下述的一些問題，試請回答。要建立公司願景，哪種人最有影響力？公司文化的形成，哪種人貢獻（或搗蛋）最大？什麼樣的網絡結構最容易解決紛爭？誰是一個組織中真正最有權力的人？日常工作時有權力的人在處理危機時，會不會有人聽他的？公司與公司之間平常喝酒應酬，但信任是這樣產生的嗎？這一類的問題，你是否能正確的回答？而科學的研究卻或多或少做出不少答案，靠著網絡資料的蒐集以及網絡分析方法，現在已經有頗成熟的問卷量表與標準的分析模式，對這些問題提出解答，有時還和我們的日常意見十分不同呢！

　　然而對中國人的關係管理問題最有啓發的，還是巨觀社會資本理論的研究，中國人看關係太短線、太權謀，所以長期關係管理與總體關係管理總是做得不好，西諺有云：「有三個人

就有政治」，到了中國，我們可以說有三個中國人就有政治鬥
爭。中國組織裡，政治紛擾總是不斷，內鬥內耗總是管理失敗
最主要的因素，如何利用巨觀社會資本的研究加強我們在組織
裡的互信，以及個人長期生涯裡別人對我的信任，是我們學習
系統性關係管理知識必須嚴肅面對的課題。

二、A⁺公司關係管理帶給個人的啓示

前面第六章探討長期關係管理時曾談到，關係管理高手要
學會切斷關係的智慧，甚至不惜危邦不入，亂邦不居，放棄某
一方面的所有關係亦在所不惜。同樣的，在前面中國人關係管
理的盲點中，我們也談到中國人特別容易不講原則地搞關係，
爲眼前利益炒短線，爲了關係放棄原則，自己人是一套，外人
又是一套，所以一如第六章所言，我們社會總是有很多鄉愿與
小人，前者沒有原則和所有人爲善，後者沒有原則專爲有權大
爺服務，而一個組織中這種爲搞關係不講原則的人多了，組織
不一定會立即崩解，但一定會逐漸衰敗。身處在這樣的團體與
組織中，我們是否能放棄眼前的利益，毅然決然地切斷關係？
少了「解組」關係的智慧，不但無法建立聲譽，反而會賠掉自
己的聲譽，甚至捲入弊案、醜聞而成階下囚，能不慎乎？

但什麼時候該建關係，什麼時候又該切斷關係呢？難道關
係管理要鼓勵泛道德主義而排除所有的關係帶來的好處？NQ的
第一、二、三種能力強調的是建立關係的策略，而第四、第五
種能力卻要有斷絕關係的智慧，如何平衡？

　　柯林斯強調的Ａ⁺公司的刺蝟原則三圓圈是一個值得參考的
思維，據此，我們可以擬定自己永不講價的理性。相同於一個
企業的本質，柯林斯的建議也促使我們要思考三件個人的本
質，一是你對什麼充滿熱情，其中有你的理想，有你生死以之
的執著，是你以爲世界最重要的價值。與這個價值無關的事情
都是次要的，與這個價值無關的關係我們不妨與人爲善，得人
者多助，多得一分助力未嘗不好。但與這個價值相牴觸的關係
就必須壯士斷腕，不惜一切也要堅持原則到底。有人堅持專業
理性與專業倫理，有人堅持一個政治社會的理想理念，有人堅
持一項技藝的發展與傳承，有人堅持一項道德的標準，堅持一
生往往都能得到別人的信任與敬重，也只有堅持而無絲毫妥協
者，才能使別人的信任變成普遍的聲譽。

　　柯林斯的三個圓圈，第二圈是你在哪些方面可能達到頂尖
水準，第三圈是你的經濟引擎靠什麼來驅動。前者是指你的核
心能力在哪裡？這個核心能力是否與你的基本價值相符合？如
果不符，那是在逐夢而不是築夢踏實。與這項核心能力相關的
關係正好是最需要的資源，是關係管理前三項能力可以發揮的
地方。如果發生這個關係與其他關係相衝突，則達成基本價值
與培養核心能力的關係資源應該被視爲最優先，果決地切斷與
之衝突的關係。第三項是生存必需的能力，維生所需的基本關
係資源是需要費心維持的，在短期上十分重要，但是太多的這
類關係有可能會分散了長期目標的注意力，在必要的經濟關係
與長期目標間如何取得均衡，是長期關係管理要有的智慧抉擇。

　　過多的原則會變成道德潔癖，不能妥協也難以與人合作，

但沒有原則卻是窮斯濫矣，遲早會讓自己或讓整個組織甚至社會付出代價，柯林斯提出的三原則可以幫我們思考如何取得均衡點。但一生堅持原則卻不容易，尤其在中國社會的人情壓力下，很容易就妥協一下。誠意正心才是正本清源之道，也就是對基本價值有誠意，且誠實而毫不隱瞞地向人表達自己的堅持，大學之道「誠意、正心、修身、齊家、治國、平天下」，從誠意正心開始，誠然是大智慧。

中國人關係管理最失敗，兩人做關係可以搞得很好，但一群人、一個組織的關係就一團亂，為什麼？其中最主要的原因就是我們意不誠、心不正，本書前面講了這麼多關係的正面用途，我們偏偏不用，而只看重攀親帶故所帶來的特權、後門與利益輸送。更糟糕的是，關係成了競爭的標的，你送的禮重，我送得更重，你跟上面的關係近，我就要拉得更近，唯有如此特權才有保障，競爭利益時才不輸人。這樣子，維持關係的成本變得極高，所以在中國，人人苦於應付人情，永遠有送不完的禮，請不完的客，跑不完的紅白帖子，人情急似債，大家競爭關係弄得苦不堪言。關係搞多了，往往造就一堆小圈圈，紅派、白派、山派、海派、當權派、非當權派、總經理派、董事長派、山東幫、上海幫……，每個人忙於表態站邊，只顧小圈圈的利益，不顧大團體的死活，所以派系鬥爭無處無之，無時無之，資源盡浪費在內鬥內耗上，這樣的組織可說是關係管理徹底失敗。所以說，中國人最喜歡搞關係，卻關係管理不及格，病源就在私心自用，未用到關係的正面用途。

三、長期關係管理從何改進呢？

要如何把關係網絡的理論用在「中國式管理」上，改善這種失敗的關係管理？一如「大學之道」所言，長期關係管理要從一己之身開始。在這個最後的結論中，我將談一些關係管理存乎一心的感想，是我做了多年網絡分析後，對中國人關係管理的一些檢討，也可以說是一些感嘆吧。當然做一些科學研究，做調查、做分析，做企業關係問題的診斷也十分重要，然而除此之外，領導者的誠意正心仍然是十分重要的。

（一）鼓勵誠實是關係管理的第一要務

中國人喜歡區隔親疏遠近，見人說人話，見鬼說鬼話，關係近的說一套，關係遠的又一套，關係比誠實重要是天經地義的道理，君不見孔子都說：「父爲子隱，子爲父隱，直在其中」，爲了關係撒撒謊，又有什麼關係？但是不誠實是最破壞信任的行爲，別忘記強連帶的妙用就在於「信任」，而「信任」來自於誠信原則，若破壞了誠信原則，那麼信任關係便難以形成。中國人的關係管理常失敗的原因，就在於中國人常想到關係就認爲是搞特權、得好處、耍權謀，因而一開始就破壞了誠信原則；當對方有一大堆壞事當作秘密，別人不能知道與分享時，我們如何信任他？相互信任的破壞，使得事實上所剩下的關係是「利害關係」──坐地分贓共享，權術陰謀共享，而分享到最後，存在的是一種恐怖平衡，相互之間不會完全信任，反而

會用各種不同的手段繼續控制著對方。

回憶一下網絡理論中管諾維特的鑲嵌理論，他認為交易成本理論未考慮信任關係，在市場上交易成本的計算，Willamson等交易成本理論家忽略了大多數的市場行為皆經由關係來完成，保守而言，美國85%的交易，並非在現金市場（像我們常去的百貨公司及超級市場）上完成的，公司間交易及高價位消費品多多少少都須經由關係作為交易的媒介，這就是因為需要信任做交易的潤滑劑。管理學者馬考利（Macaulay）也曾經研究過，大多數的合約不是真的用來規範所有的交易行為，而只是一個形式，告訴你有這一件事情發生，其他都是按照一般的商業道德原則在處理，若真發生不愉快了，雙方有八、九成都靠著電話就善意的解決了，少有人真的告到法院來解決問題。

信任是大多數經濟交易的基礎，誠信原則是信任的基礎，少了這個原則，每天自詡精於謀略的人，有可能會一夕之間，大家都看透了這種人，他的所有關係網絡便剎那崩解。鼓勵公司員工誠實，當然，以身作則最重要，要有一個開誠布公、關係管理良好如第六章中所探討的A企業，就必須要有一個誠實的自己。

(二)多些淡如水的君子之交

中國人該少一些可以密室協商的「親密同志」，多些淡如水的君子之交。

這也正是前面講的中國人關係管理的第一個盲點，一定要記住，很大一部分關係的正面用途來自弱連帶，前面各章談到

的正面功能，比如建立情報網、經營知識創新、就業徵人，以及行銷學中的口碑行銷與一對一關係行銷，其實主要都來自弱連帶，而與客戶建立關係和建構一個外包網絡，固然因爲合作性質與權力結構不同，而需要不同強弱的關係，但也是用到弱連帶的機會多於強連帶。

　　管諾維特在〈弱連帶的優勢〉一文中指出，訊息傳遞中，弱連帶比強連帶重要，因爲大多數的訊息傳遞，不會涉及到太高的機密。過去的實證研究顯示，凡經由弱連帶找到的工作會較好，爲什麼？其實美國的工作替換，大多數也是靠關係，很少是經由公開招募，尤其是好的工作、主管性的工作通常是不上報的，都需要一個關鍵性人物幫忙傳一句口碑才能得到。大多數最有價值的情報都是經由弱連帶，由你還算信得過的人那裡所得知，因爲這類情報的背後還有「朋友的推薦」，使情報的可信度大爲提高，這些是弱連帶就可以完成的，但對你的一生助益很大。

　　強連帶顧名思義，就是要花很多時間常常泡在一起的朋友，才會成爲強連帶，維繫一個強連帶所花的成本，可能是一個弱連帶的十倍甚至百倍。畢竟經營一個強連帶要許多資源與時間，放棄一個強連帶可能可以增加數十個弱連帶。了解上面所談的這些弱連帶關係的好處，會使你得知什麼樣的行爲需要多強的信任，在需要堅強信任才能合作時，求之於強連帶，其他時候只需要弱連帶，不要在殺雞時用了牛刀，徒然浪費資源。

　　中國人常說平常要多結善緣，正是體會到了弱連帶關係的妙用。一旦善緣廣了，形成口碑，則大家不管認識不認識你，

都會相信你，別人爭不到的職務，上級聽到你的口碑就要你做，別人搶不到的生意，商場上大家就是相信你要你接，這種天外飛來的好運絕不是偶然的，而是來自平常的誠實與善緣。

(三)不要臨時抱佛腳搞關係

圖著一個目的而去找關係時，要記得，有目的而建立起來的關係是不會有信任的，不會是真實的強連帶。台大心理系教授黃光國把關係內涵分為三種：工具性關係、情感性關係與兩者的混合性關係。情感性關係指的是沒利害衝突時，純粹因為有情感而形成的關係，如原來就是同學、同事、家人等，此種關係在中國而言，最易形成強連帶，由此關係轉為混合性關係也容易，如中研院研究員柯志明所研究的五分埔案例中，專屬性外包商常常是自己的同鄉加同僚，有地緣關係還有共事經驗，才好發展出長期的商業伙伴關係。但黃光國也指出，中國人若想從工具性的關係轉為混合性關係卻是難上加難，以利始，難以義終，這是千古不變的道理。

中國人關係管理做不好，就在於總是夢想能從工具性關係發展成混合性關係，大陸有一句順口溜：「有關係就沒關係，沒關係就找關係，找不到關係就有關係」，大家對有所圖而找關係習以為常，殊不知，從搞關係開始，實際上你永遠得不到對方的信任。關係管理的第一個原則，就是要在沒有利害衝突的時候培養關係，那會培育出較深的感情，將來發展出共同的事業時，雖有了利害關係，但原有的感情所帶來的信任，依然是一種強信任。反之，為了取得關係中的好處、利益，不發揮

它的正面功能，而懷著目的去接觸一個人時，之間的共有信任是難以建立的，畢竟信任來自於雙方的長期互動。

　　爲了利益找關係的行爲也會破壞團體和諧，最嚴重的問題在於爭權攘利搞關係時，利害關係就會結成小團體，往往成爲大公司中的小圈圈，成了派系問題，破壞公司內的團體和諧。善於關係管理者一定不會讓馬屁精、狗腿子之流的小人，在組織中搞利害結合的關係，因爲利害而結合的小圈圈是內鬥內耗的開始。可惜在中國，領導人常喜歡別人歌功頌德拍馬屁，又自己一堆私欲不可告人，所以給了這些搞關係之輩可乘之機。

　　簡單地說，一個管理者要想做好關係管理，一定要平常以誠實、以同理心待人，包括上司、下屬與同儕，廣結善緣，播下口碑。日常互動中慢慢建立起來的強連帶，在需要堅強信任才能合作時也十分重要，但切記不要懷著權謀搞關係，臨時搞來的關係是不會有堅強信任的，更不要爲這些玩權謀關係者大開倖進之門。多發揮關係的正面功能，多用科學方法找出全企業中關係管理的疏失，不要以關係圖謀不可告人之利，那樣做，固然可以得短期之利，但長期下來一定會造成信任破壞，派系叢生，關係管理會因而失敗。對中國人而言，這些才是最緊要的關係管理的智慧。

　　最後，我們還要強調關係管理學習第一步，要學會如何去調查網絡，畫出網絡圖並分析，掌握解決問題的關鍵點或競爭的有利位置，這樣可以成爲不錯的策略家，善於審勢度形。但好的策略家不一定是關係管理高手。關係管理高手在關係管理時，不只是心中長存關係網絡圖，能夠做分析，知道如何處理

問題就夠了，關係管理高手更要能夠防範問題於未然。對一個好企業經理人而言，請顧問專家來解決眼前問題固然重要，但讓企管顧問告訴你，你的公司沒有關係管理的問題，才是最好的經理。當然心中從來搞不清楚員工的關係網絡、關係網絡圖也看不懂的經理，則是最差的經理，問題都出來了，公司也解散了，他還不知道問題在哪裡。

本書所談的關係管理前三大能力，可以幫助一位領導者學習如何隨時在心中畫出形勢圖，分析形勢，掌握形勢，並解決問題。但對關係管理高手而言這些還不夠，因為關係到要用時才去建就太晚了，所以關係管理高手要學習的第二步，是早早預測形勢發展，預先以良好EQ布建人脈網絡。最後也是最高境界——更要在總體關係管理時，讓團體成員相互間都關係良好，發揮關係的正面功能，去除負面因子，所以為了公平公正地維護制度法律與誠信原則，應當切斷關係時，要有壯士斷腕的智慧與決心。

前三大能力，可以透過本書指引的方法加以學習，並不斷反覆訓練而成為策略高手，第四種能力則需要前三種能力的綜合運用，以長期預測形勢發展，並有良好EQ為基礎，方能學習得到。至於第五種能力則是基於誠信、守法、熱心公益而有的智慧，並有切斷關係當斷則斷的人格魄力，才能有此能力，這很難在學習中取得，而有賴於一個人的人格修為。

四、做個練習吧！——新人老人之間的衝突問題

　　下面也是魁克哈特所做的一次研究個案。讀完了本書，試著從關係網絡圖中做一次企業診斷吧！假設你是華盛頓戰略顧問公司的企管顧問，下面這個問題出現時，你要如何建議該公司處理？

(一)問題出現

　　這是魁克哈特所做的一個個案。華盛頓戰略顧問公司是五角大廈一家外包研究計畫的公司，員工只有16人，但卻是一個十分出色的顧問公司，接過很多顧問案，領導人Roger擁有博士學歷，也有實戰經驗，而其他成員也至少有碩士以上的學位。Roger強調理論實務並重，所以十分信任那些有過越戰經驗或大規模聯合演習經驗的人，總以為這些實戰經驗對顧問業務極具價值。公司則有一群較年輕的研究人員，他們生長在電腦時代，受過更新的科技教育訓練，對波灣戰爭的高科技戰術戰略深深著迷，其中Peter是這群人中的佼佼者，麻省理工畢業，對新高科技瞭若指掌，經常用電腦模擬的方式，來測試不同武器在不同戰況下的性能與戰果。老一輩的陣營中，只有Conrad對於新發展出來的電腦模擬「虛擬戰爭」有興趣，也常和年輕一輩在一起討論新觀念。Conrad在公司12年，和Roger交情很好，他一直認為公司過去的成功應該歸功於能快速獲得資訊，並整合資訊，所以對新觀念絕不排斥，對新人中的領導人物Peter也十分

友善。Roger忽然發覺他好像指揮不動公司了，所以請了企管顧問公司來做診斷。

（二）網絡分析

在做了簡單的人際間諮商網絡分析後，繪出這樣的諮詢網絡圖。請各位讀者整理一下圖14-1，然後做出診斷，該怎麼建議Roger？並預測，如果毫無行動的話，誰會是第一個離開公司的人？

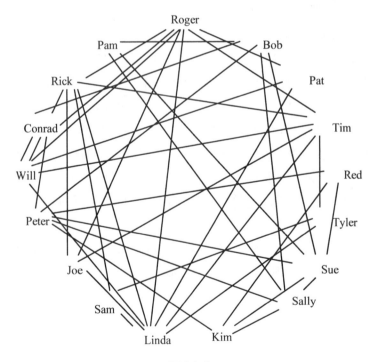

圖14-1

　　從圖14-1很難做出判斷吧！但轉繪成圖14-2後，問題就一目了然了。

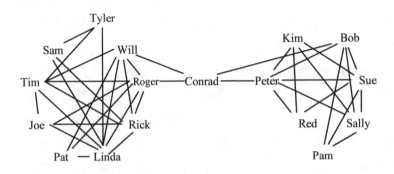

圖14-2

　　企管顧問David發覺公司存在了兩個文化，兩個團體的人不只是理念不同，而且年齡、經歷也不同，所以氣質不同，平常絕少在一起討論問題，唯一的溝通管道就是Conrad。這是絕大的危機，因為公司內已經醞釀著集體辭職，兩個文化的鬥爭只有Conrad一人能夠調解，Conrad的壓力太大了，而且Conrad的人脈不強，除了Roger與Peter外，和其他人不常交換意見，影響力不足以說服眾人。所以David建議Roger，多找機會和年輕同僚談談他對公司的願景，傾聽年輕同仁「未來戰爭」的觀念，並鼓勵他們把這些混合上實戰經驗，設計在公司願景之中。另外應多舉辦一些非正式的公司討論會，每次找雙方不同的人來加入討論，在每個研究案中，也在雙方挑選人馬，聯合執行，以增加兩個文化互相濡染的機會。

其實說穿了,華盛頓戰略顧問公司的問題就出在缺少「共同願景」,兩個文化各唱各的調,所以員工心目中不清楚或不認同公司目標。彼得・杜拉克以交響樂團來比喻未來的資訊組織,讓大家各盡所能,卻齊聲合鳴的樂譜,正是彼得・聖吉所謂的共同願景。誠如聖吉所言:「共同願景對學習型組織是至關重要的,因為它為學習提供了焦點與能量。在缺少願景的情形下,充其量只會產生適應型的學習,只有當人們致力於實現某種他們深深關切的事情時,才會產生創造型的學習。」戴維陶與馬隆也指出,虛擬企業的公司主管必須界定公司未來遠景,並將之傳達給所有員工。貝克也強調,激勵充實的領導哲學,首要是讓員工肯定工作的價值而樂意獻身工作,並認同組織的使命與目標,而與組織協調工作。

共同願景是如何達成的呢?聖吉指出,「如果你我只是在心中個別持有相同的願景,但彼此卻不曾真誠的分享過對方的願景,這並不算是共同願景。」是的,共同願景要靠溝通、了解以融合自發的關切,只是願景要向誰說?與誰溝通會有最大效果?

企管顧問魁克哈特提出三項建議:

1. 再搭第二條橋,由「老人小圈圈」中中心性高的Tim 或 Linda去搭上「新進小圈圈」中的重要人物 Sally 或Sue, 這會是一條比較強的鋼索橋。

2. 開國元老的Roger 應該面對面與「新人王」Peter懇談一番,互相溝通彼此在戰略看法上的不同。

3. 制度性地開一些「甜圈圈」會議,或讓老人與新進一起

參加研究案，使老人與新進人員間多一些溝通的機會。

很不幸的，華盛頓戰略顧問公司並沒有一個快樂的結局，Roger不能理解這是兩個文化的問題，他只深深感受權威受到挑戰而十分沮喪，認為年輕後輩未受實戰薰陶，所以觀念不正確，這是戰術戰略的專業問題，企管顧問David哪裡會懂。結果沒多久，Conrad受不了雙方給他的壓力，竟第一個辭職，Conrad一走，公司唯一的溝通橋梁也斷了，鬥爭更加白熱化，七名年輕員工也跟著辭職，公司垮了一半，而且Roger辛苦培養的高科技與電腦專才也一夜盡失，公司前景可想而知。

新管理學系列 3

企業關係管理

2003年12月初版　　　　　　　　　　　　　定價：新臺幣300元
有著作權‧翻印必究
Printed in Taiwan.

著　　者	羅　家　德
發 行 人	劉　國　瑞

出 版 者　聯 經 出 版 事 業 股 份 有 限 公 司	責任編輯　顏　惠　君
台 北 市 忠 孝 東 路 四 段 5 5 5 號	校　　對　呂　佳　真
台 北 發 行 所 地 址：台北縣汐止市大同路一段367號	李　淑　芬
電話：(0 2) 2 6 4 1 8 6 6 1	封面設計　王　振　宇

台 北 忠 孝 門 市 地 址：台北市忠孝東路四段561號1-2樓
　　　　電話：(0 2) 2 7 6 8 3 7 0 8
台 北 新 生 門 市 地 址：台北市新生南路三段94號
　　　　電話：(0 2) 2 3 6 2 0 3 0 8
台 中 門 市 地 址：台 中 市 健 行 路 3 2 1 號
台 中 分 公 司 電 話：(0 4) 2 2 3 1 2 0 2 3
高 雄 辦 事 處 地 址：高 雄 市 成 功 一 路 3 6 3 號 B 1
　　　　電話：(0 7) 2 4 1 2 8 0 2
郵 政 劃 撥 帳 戶 第 0 1 0 0 5 5 9 - 3 號
郵 撥 電 話：2 6 4 1 8 6 6 2
印 刷 者　雷 射 彩 色 印 刷 公 司

行政院新聞局出版事業登記證局版臺業字第0130號

本書如有缺頁，破損，倒裝請寄回發行所更換。　　ISBN　957-08-2638-X（平裝）
聯經網址 http://www.linkingbooks.com.tw
　信箱 e-mail:linking@udngroup.com

國家圖書館出版品預行編目資料

企業關係管理 / 羅家德著 . --初版 .
--臺北市：聯經，2003 年（民 92）
312 面；14.8×21 公分 .（新管理學系列：3）

ISBN   957-08-2638-X(平裝)

1.組織（管理）

494.2   92017327

李弘暉◎著

知識經濟下領導新思維

二十一世紀對領導者而言是個充滿挑戰的世紀,因為二十一世紀已展現出一個嶄新的風貌,完全不同於過去組織所面對的傳統環境。

在過去組織的典範中,領導者所面對的是一個工業時代,一個穩定的環境,一個強調控制、競爭關係,以及重視同質性、一致性與重視事情處理的環境;而今日的組織所面對的典範卻是一個資訊時代,一個變化的環境,一個強調授權、合作關係,以及重視異質性、多元性與重視人際關係的環境。典範的不同,意味著領導者必須調整自己的角色與作法。

本書以知識經濟下領導的新思維為切入點,除分析探討新科技、新環境對領導者產生的衝擊與影響外,並深入剖析此衝擊對領導者與組織的新意涵,提供領導者嶄新的思維,以期迎接新環境的挑戰,為組織創造競爭優勢!

【定價:200元】

作者簡介

美國俄亥俄州立大學公共管理博士、元智大學企業管理學系(所)專任副教授。曾任元智大學企業管理學系(所)主任、就業與校友服務組主任等職;並曾輔導過多家企業,從事組織變革與改造事宜。現任元智大學管理研究所所長暨管理研究中心主任。

【新管理學 1】

吳定◎著　詹中原◎總策畫

政策管理

【定價：350元】

　　人類自從有了政府組織型態後，就有了公共政策的實務存在。它是那麼無所不在，以至於我們幾乎忘了它的存在。直到我們的權益受到波及、或承擔政策分析工作，或是開始想去了解、研究、影響政策，才驟然想起：是我該參與政策運作過程的時候了！基本上，對政策運作具有興趣者就是政策管理者，所以參與政策運作過程，也就是在從事政策管理的工作。

　　本書為使讀者對公共政策的內涵及運作有所了解，首先說明公共政策的相關概念。接著將公共政策運作分成五個階段，就其內容與有關議題，以描述性及規範性方式，分別提綱挈領地介紹：政策問題形成、政策規劃、政策合法化、政策執行，及政策評估。

　　其次，對目前政策運作所涉及的若干議題，本書作了相當的論述：民意、自力救濟、政黨、危機管理、民營化。審度未來發展趨勢，作者也為政策管理者提出五個重要的研究面向：利益團體日漸重要、智庫功能日益彰顯、公民參與成為常態、政策行銷不可或缺，以及公民投票勢在必行。

　　最後，為結合理論與實務，作者特地提出「德國拜耳製藥公司自台中港撤資」個案，供不同政策管理者從不同角度思考，以收「政策學習」的功效。讀完本書後，讀者當可對公共政策的內涵、運作、議題等，具有較廣博且深入的了解，而作好份內的政策管理工作。

作者簡介

台灣省雲林縣人，1942年出生。學歷：國立政治大學政治系法學士、國立政治大學公共行政研究所碩士、美國南加州大學公共行政碩士、美國紐約州立大學公共行政博士。

現任：國立政治大學公共行政系教授。

著有：*An Analysis of the New York State Position Classification System*、《機關管理》、《公共行政論叢》、《組織發展理論與技術》、《行政學》、《組織行為：管理的觀點》（與陳錦德、黃靖武合譯）、《公務管理》、《公共政策》、《公共政策辭典》……等書。

【新管理學2】

朱鎮明◎著　詹中原◎總策畫

政治管理

【定價：300元】

本書以結合「民主」與「管理」的政治管理，探討民主社會中公共事務管理的理念與方法。書中強調政治管理者可以運用審議式民主、共識管理、政策行銷、策略管理等技術，去整合組織內、外的上級機關、利害關係人與公眾意見，審慎周延地規畫、執行與延續政策。

本書是以政府部門的實務界人士為標的讀者，因此盡量以深入淺出的方式，分析許多公部門管理的實際狀況，例如：總統的「八三談話」、拜耳設廠爭議、2001年APEC上海會談特使人選風波、三國時代隆中對的策略管理、台灣高鐵與南科園區政策衝突、美國的公園廣場開發案、休士頓警局與波士頓國宅處的組織重整等大大小小的個案。

事實上，政治管理者可以嘗試不要固執己見、操弄體制，或是關起門設想自以為是的願景，而應積極地與外界行為者(民意代表、媒體、樁腳、社區領導者)互動，共築治理的年代。

【作者簡介】

學歷：政治大學公共行政博士。

經歷：曾任職行政院大陸委員會、立法委員林炳坤的法案助理。

現職：東華大學公共行政研究所助理教授。

聯經以跨科際整合方式，創新管理知識，推動新管理學系列叢書出版！

聯經出版公司信用卡訂購單

信用卡別：　　　　□VISA CARD □MASTER CARD □聯合信用卡
訂購人姓名：　　_____
訂購日期：　　　_____年_____月_____日
信用卡號：　　　_____ _____ _____ _____
信用卡簽名：　　_____(與信用卡上簽名同)
信用卡有效期限：_____年_____月止
聯絡電話：　　　日(O)_____夜(H)_____
聯絡地址：　　　□□□_____
訂購金額：　　　新台幣_____元整
　　　　　　　　（訂購金額 500 元以下，請加付掛號郵資 50 元）

發票：　　　　　□二聯式　　　　□三聯式
發票抬頭：　　　_____
統一編號：　　　_____
發票地址：　　　_____
　　　　　　　　如收件人或收件地址不同時，請填：
收件人姓名：　　　　　　　　　　　　□先生
_____　□小姐
聯絡電話：　　　日(O)_____夜(H)_____
收貨地址：　　　_____

・茲訂購下列書種・帳款由本人信用卡帳戶支付・

書名	數量	單價	合計
		總計	

訂購辦法填妥後
直接傳真 FAX：(02)8692-1268 或(02)2648-7859
洽詢專線：(02)26418662 或(02)26422629 轉 241